别让你的努力
配不上你的野心

慕新阳 / 著

文汇出版社

图书在版编目 (CIP) 数据

别让你的努力配不上你的野心 / 慕新阳著 . — 上海：
文汇出版社 , 2018. 12
ISBN 978-7-5496-2398-3

Ⅰ . ①别… Ⅱ . ①慕… Ⅲ . ①人生哲学 - 通俗读物
Ⅳ . ① B821-49

中国版本图书馆 CIP 数据核字 (2018) 第 270043 号

别让你的努力配不上你的野心

著　　者 / 慕新阳
责任编辑 / 戴　铮
装帧设计 / 末末工作室

出版发行 / 文匯出版社
　　　　　　上海市威海路 755 号
　　　　　　（邮政编码：200041）
经　　销 / 全国新华书店
印　　制 / 三河市龙林印务有限公司
版　　次 / 2018 年 12 月第 1 版
印　　次 / 2018 年 12 月第 1 次印刷
开　　本 / 880×1230　1/32
字　　数 / 150 千字
印　　张 / 8

书　　号 / ISBN 978-7-5496-2398-3
定　　价 / 36. 00 元

只要你还愿意努力，世界就会给你惊喜

畅销书作家　十三夜

印象中，新阳是一个充满激情和情怀的人。

一次聊天，新阳跟我说起了很多写作上的事。从第一次战战兢兢地给出版社打电话遭拒，到毕业的那个五月搬到校外，把自己反锁在小黑屋里苦练文笔，再到走进职场的这些年，他一直默默地努力，我听得有些动容——为了写作，我们都承受了太多的孤独和无助。

印象颇深的是，新阳总说这样一句话："所有事情到最后都会变好，如果没有变好，那是因为还没到最后。"这句话，同样给了我很多力量。

坚持和努力，让平淡的时光变得不平凡，让黯淡的岁月生出斑斓色彩，也让无数奋斗的年轻人终有机会可以触摸到自己想要的生活。

最幸福的事情，莫过于能够遵从自己的内心，就像新阳在文章《遵从自己的内心，要比随波逐流好上一百倍》里写的那样：遵从自己的内心，是最值得骄傲的一件事。人生的列车匆匆向前，错过的人和事就永远错过了。所以，不要在失去一切的时候再去追悔，要对自己的人生负责。

可现实中，大多数人往往忘了去倾听自己的内心，也忘了问一问自己最渴望实现的梦想是什么。还有一些人，总是纠结于迷茫与痛苦之中，放不下过去，也过不好现在，他们总是把"我尽力了"当作麻痹自我的借口，日复一日。

这是一个你只有拼命努力才能脱颖而出，原地踏步必定会被淘汰的时代。是的，如果你再不狠下心来，为自己的梦想努力一把，你只能眼睁睁地看着身边的人越来越优秀，而你被甩得越来越远。

谁的青春不迷茫？其实，每个人都会有一段难熬的时光，也会经历一段孤独的岁月，可那又怎样呢！

成长总是这样，你会经历委屈，满身伤痕也在所难免，蜕变总要历经撕裂的痛，越过黑暗才能拥抱那束最亮的光。你不能因为一点点挫折，就失去了勇气；更不能因为些许的失意，就害怕从头再来。

你要明白，成年人的世界里，没有"容易"两个字。所有看似光鲜亮丽的背后，都有着不为人知的心酸，那些倔强成长的人，谁不是在荆棘中扎满了刺，拔掉后继续前行。

未来，哪怕你历经再艰辛的事情，也愿你擦干眼泪微笑前行，成为自己的勇士，活成自己最渴望的模样。

这是一本充满温暖与勇气的青春之书，希望你能从中找回那个最勇敢无畏的自己。

目　录
Contents

PART3：

用最好的姿势，拥抱全世界

PART4：

未来的对手，给我好好接招

PART5：

只要你还愿意努力，世界就会给你惊喜

PART6：

愿你我都可以活成偶像的模样

PART1：

不拼命折腾一回，
又怎么知道能不能把天翻过来

人生能有多少天是按自己的想法活
着？有些事，当下不做就晚了；有些路，
今天不走就迟了。

——电影《七十七天》

1. 最怕你人到而立，却发现身无一技

1

去年，安徽卫视《学霸是怎样炼成的》节目中有一段视频让我印象很深。

视频里，某大企业前人事经理说："离开招聘会后，只带走'985'大学生的简历。非'985'大学生的简历就丢到桌子上，被清理了。"

以这位人事经理的工作经验来看，非"985"大学生是被大企业排除在外的。我想，其他大企业肯定也是这样操作的。

当所有人，也包括我都在惊呼社会竞争太残酷、用人单位太歧视新人的时候，只有袁姐不紧不慢地说了句："这就是现实。"

袁姐是公司的老员工，在我还没来公司之前，她就已经在公司里扎根七八年了。如今，30多岁的她背负着工作、照顾父母以及两个孩子的重担，却依然不忘充电：周末会去培训班学习平面设计和会计，并把空闲时间用来听

网课，一刻不得闲。

但一句"这就是现实"并不代表袁姐是冰冷的现实主义者，相反，她是历经挫败之后学会了未雨绸缪的乐观派。

一次，跟袁姐聊天，聊到了学习和就业的话题。我说："以你的资历，哪里还需要学习？就算哪天公司倒闭了，你也是最其他公司最先抢走的那个。"

我故意在说"抢"字时加重了语气，紧紧地盯着袁姐的神情。

袁姐没急着回答，而是跟我说了HR圈里招聘的"潜规则"：

"中层以下，35岁以上的肯定不要，30岁以上的最好也别要，除非带资源，带流量，带可估量的收益。"

"管理者要年轻化，条件差不多的里面要选年轻的。"

"30岁以上的，就算愿意拿较少薪水的也不能要，因为不稳定因素太多，怕做不久。"

这就是现实。

或许，这些或多或少地对年龄存有偏见的言论你听着会不舒服，但人事经理只会用"年龄没有任何限制，回去等通知吧"这样的话来搪塞你，随机就会把你的简历扔进纸篓里。

袁姐的一番话让我警醒，如果到了而立之年，你还没有一样可以拿出来对抗现实的本领，真的很容易被这个社会所淘汰。

是的，职场不相信眼泪，只相信努力和汗水。

看着年龄比自己大的人已经事业有成，自己却依旧迷茫，不知道将要去哪里；看着同龄人拿着高薪，自己却时常担心被别人顶替；看着刚毕业的大学生一波一波地涌入，一不留神就会赶超自己……

到了而立之年，你真的没多少时间去试错了，也没多少时间去虚度光阴。

2

按理说，到了而立之年，大学毕业后也有 7 年左右了，这时也该积累了一定的工作经验，有了相对稳定的收入，不愁将来在哪里生存和发展。

事实上，求职的大部队里，仍然有很多人到了而立之年却找不到工作，甚至打着待业的幌子在家吃喝父母的，一待就是大半年。

无形之中，一技之长的重要性就凸显而出，它不会随着年龄的增长而贬值，相反，它会随着时间的推移成倍增值，甚至可以挽救自己的命运。

看过《水浒传》的人都知道，宋江被招安后，带领水泊梁山一百零八好汉四处征战，到最后只有寥寥几人幸免战死和奸臣的迫害。这其中就包括"玉臂匠"金大坚、"圣手书生"萧让以及"紫髯伯"皇甫端。

这三个人，论武艺，远不及"大刀"关胜和"豹子头"林冲；论智谋，也远不及"神机军师"朱武和"智多星"吴用。

可就是这样武艺不高、智谋不显的人，竟可以从大队伍中凸显出来，并且落得最好的结局：金大坚和皇甫端均成了御前听用；萧让也被朝廷召回，在蔡太师府里谋得一职。

但这并非巧合，而是有个人原因的：为什么他们能够保全性命并且得以发展，最重要的一点就是，他们都有一技之长。

金大坚原是金石雕刻家，著名书法家，善刻碑文、印章，善写当时吃香的苏（苏轼）、黄（黄庭坚）、米（米芾）、蔡（蔡襄）四种字体；而皇甫端是著名兽医，善能相马，通晓各种牲口寒暑病症，下药用针，无不痊愈。

这就是一技之长带来的命运。

3

高二那年，我最好的朋友陈凯退学了。他离开学校后，家人都在苦口婆心地劝他学门手艺。他们之所以这么劝他，一是因为他没学历，去大城市求职肯定会吃亏；二是因为他年纪还小，与其在求职路上四处碰壁，不如跟着师傅学一门手艺。

可让所有人费解的是，执拗的陈凯还是不顾一切地进了工厂。流水线工作虽然枯燥至极，但一个月满勤加上加班，也能挣好几千元。

时间如流水，一晃就是好几年。

几年间，每次我问起陈凯的工作和近况时，他都会说一句永远雷同的话："在工厂里啊，还是老样子。"

不得不承认，一个人一旦沉溺在某种环境里，久而久之就会深陷其中，自己却浑然不知。在我看来，一份看似赚钱的工作，若没有自我提升的价值，就是烂工作。

是的，当时陈凯进了工厂，有一笔不少的收入，可放眼未来，这样的流水线工作带给工人的只有眼前的小利，而不是让人安身立命的本领。换句话说，一旦离开了工厂，你将一无是处。

著名作家罗兰曾在书中写道，自己刚上中学时，父亲就开始告诉自己一个人需要有"一技之长"。父亲说，与其做个"样样皆通，样样稀松"的好学生，不如做个有一样专精，其他稀松的专才。因为有了一技之长，你可以用它挣钱养活自己和家人，也可以在它上面获得成就。

其实，像陈凯这样的人不在少数，甚至是大多数。

别让你的努力配不上你的野心

4

孙晴悦在《二十几岁，没有十年》一书里写道：

"对于我们中的大多数来说，二十几岁就好像只有三年。第一年在大学里无所事事，睡着懒觉逃着课；第二年在猛然惊醒中海投简历，租房子赶地铁；第三年做着不喜欢的工作，待在不喜欢的城市，在七大姑八大姨的催促下发现该成家了呢，然后浑浑噩噩，竟然就要三十岁了。"

一语惊醒梦中人。有时我会很害怕，害怕自己到了而立之年，除了要紧紧维系一份工作来获取报酬之外，再也没什么可值得骄傲的事情了。

这样的人生不能用"惨淡"来形容，更确切地说，是"惨白"。所以，我们总要活出一个有别于平庸和泛泛的，独特的自己。

2. 遵从自己的内心，要比随波逐流好上一百倍

1

上大学的时候，我在一次活动中认识了米莉。

米莉来自江西，学的是播音主持专业，她有俊俏的脸庞，扎着高高的马尾，走起路来左右飞舞。

我所在的大学不是"211"，也不是"985"，而是一所名不见经传的普通高校。来到大学后，身边很多人都开启了自由模式——不，放纵模式。因为没有了往日家人的督促，淡忘了临行之前对大学的期许，游戏、追剧、睡懒觉、逃课竟成了一些学生习以为常的事情。

米莉与他们不同，她是那样的自律和努力，四年的时光匆匆而过，她是我朋友圈里最有资格说"不后悔"的那个人。

当别人还在打游戏，追各种综艺、电视剧的时候，她选择把自己放置在图书馆的某个角落里看书；当别人还在为多睡一会儿挣扎时，她早已在操场上跑了一圈又一圈。

因为有自己的想法和计划，所以，她很难融入集体里。

每次见到她，她总是一个人脚步匆忙地奔走着，显得非常不合群。而她的不合群，自然招来了室友的不满和质疑：

"这么早就起床，刷牙、洗脸、开门都有声音，还让不让别人睡觉了。"

"天天把自己折腾得这么累干吗，大学时代就应该及时享乐。"

"这么特立独行，内心一定很无趣吧，肯定不好相处。"

事实上，即使听到了，米莉都不会把她们的话放在心上。因为她知道，汗水流在自己身上，她所有的付出并不是表演给别人看的。 她清楚地知道，这不是一种孤独，而是坚守。这不是不合群，而是不愿意看到自己因为合群有朝一日被这个竞争残酷的社会所淘汰。

这个世界，不会辜负每一个努力的人。

因为优秀，每年的奖学金必有她的份。

因为自律，她的身材保持得很好，追求者排起了长队。

但她还是喜欢做自己喜欢做的事情，播音、主持、看书、绘画、摄影、公益……她从未感到孤独，相反，每天她都觉得充实和快乐。

那时，她收到了很多大企业递来的入职邀请，工作环境和待遇都相当不错，可她还是在唏嘘声中一一拒绝了。她又重新出发，一心扑在了考研上。

毕业典礼上，她以优秀毕业生的身份上台发言。灯光打在她的马尾上，烁烁发亮。她说："我们都有权利活成自己想要的模样，怕就怕在随波逐流之后，我们的青春只留下了遗憾。"

遵从自己的内心，是最值得骄傲的一件事。

人生的列车匆匆向前，错过的人和事就永远错过了。所以，不要在失去一切的时候再去追悔人生，要对自己的人生负责。

2

我曾看过这样一项调查：世界上只有少部分人会自我反省和鞭策，其余的人则浑浑噩噩、得过且过。如此说来，大部分人一直处于迷失自我、浑噩度日的状态，更别说按照自己的意愿过一生了。

事实上，想跻身于那少部分的行列并不容易，首先自己要有决心、有规划，还要付出踏踏实实的努力。

这些听起来只是再简单不过的道理，做起来实际上要比想象中困难得多，就像人人都会哼唱"没有人能够随随便便成功"，但很少有人能透过歌词明白其中的真谛。

这个社会就是这样的残酷，不出众，就出局，有时连再来一次的机会都没有。

有的人把自己的青春耗尽在办公室里，他整天看着快要翻烂了的报纸，开着无聊透顶的会议。

有的人以青春为赌注，只身来到陌生的城市，却依然相信在自己的努力下，将来他一定可以成就自己想要的生活。

3

很多人害怕未来，恐惧未知的生活。

其实，我们都一样。

就在前不久，我的好友艳伟，一个敢闯敢拼的姑娘，毅然决然地放弃了几个相当不错的就业机会，走上了创业之路。

那是一款新型的收款支付工具，背后有着强大的技术团队和运营团队。而作为当地的市场负责人，艳伟承受着总公司下达任务的压力，也背负着团队一起实现理想的期望。

从寻找办公地点到招聘员工，再到购买办公用品，做市场调研，所有的事情都是她自己完成的——她既是老板，也是一名普通的员工。

她活生生地上演了现实版的《北京女子图鉴》。

她早就料到创业之于就业的艰辛，每天都觉得时间真的不够用。她常常会忙到后半夜，拖着疲惫的身体回家后，还要继续做计划，想战略，最后躺在床上却没半点想睡的念头。

她天生就是一个"折腾派"，没人想尝试的事情，她总会冲到最前面。没有人会想到，26岁之前，她就已经独自一人到西藏、沿海城市去闯荡过了。

这段时间，她说总有一个声音向自己呼喊：你不是想得到自己想要的东西，过上自己想要的生活吗？这次机会来了，千万别认怂！

当然，关于艳伟的选择，有人支持和鼓励，也有人反对和嘲讽。

4

其实，艳伟也明白，一个人无论做什么事都会出现不同的声音，既然这样，索性就不去在意。这么多年来她一直在在乎别人，却忘记了取悦自己。

她曾发过这样一条说说："内心坚定的声音告诉我，无论别人怎么说、怎么看，你都要相信自己，那种从未有过的内心渴望一直点燃着我，让我越发地坚定。"

有人问她："艳伟，真羡慕你啊，小小的年纪就敢想敢做，我到现在都不知道自己的人生该怎么办，感觉自己好失败啊！"

她说："其实，每个人身上都有巨大的潜质，你之所以没成功，只是因为自己还没将它发掘出来。你不能循规蹈矩，放任自己碌碌无为，老落在别人后面。"

那天，她拿到了属于自己的工作室钥匙，内心的那种激动，她这辈子也不会忘记——真是激动到想哭。

后来，她在简书上写过这样一段话："我终于在自己最渴望的地方拥有了属于自己的一席之地，哪怕它的面积只有几十平方米，但那是梦开始的地方，我会用尽全力去把它演绎得更美丽。"

她常常问自己这样做到底是对是错，是不是太折腾，甚至会怕自己最终一败涂地。但比起这些，她更怕自己会后悔，更怕到暮年回首人生时会带着深深的遗憾。

谁都不知道未来自己会遇到什么，需要面对什么，但我可以确定，这个无畏无惧的姑娘一定可以活成自己想要的模样。

3. 我不想看到生活变得百无聊赖

1

过年的时候，我跟表妹聊天，聊起了她去学校的路线。表妹上的是河北的一所科技学院，离老家有 900 多公里。因为离家较远且没有直达火车，所以，表妹要转一次车，再坐一天一夜的火车才能赶到。

最让我印象深刻的是，她说去学校时总喜欢走原来的路线，虽然有很多路线可走，但她还是习惯走那一条：从山海关转车，然后短暂地停留一会儿，再继续北上。

我问她为什么不选择其他路线，这样就可以领略到不同的风景，换一种心情。比如，从北京中转，就可以到天安门和奥林匹克森林公园转转；从沈阳中转，就可以看看沈阳故宫和"九一八"历史博物馆。

我兴致冲冲地说完，她只是淡淡地回了句："我还是喜欢原来的路线。"

我觉得我和表妹不是同一类人。

为什么这么说？原因很简单，表妹只愿意固守成规，不愿改变；而我更喜欢打破常规，即使再枯燥乏味的事情，也要玩出个新花样来。

无非是换条路线，怕什么呢？有手机导航，有路人指引，不怕找不到方向。而去尝试另一种途径，总会有惊喜等着你。

虽然遵循原来的路线本身没有错，这是降低风险的途径，可不得不承认，墨守成规只会让新鲜感逐渐丧失，广播里的地名、一路上的风景就像播了无数次的老电影，一眼就望穿了剧情——还未开始就已经猜到了结局，想想就觉得索然无味。

2

这些年在职场打拼，有人夸赞我认真、努力，但我更乐于听到别人夸赞我有趣。

有趣，才是最高级的赞美。

我的工作性质决定了自己一个月可以调休四天，为了把这四天集中起来，我就要连续工作三周多。

总有同事问我，连续工作三周多会不会吃不消？我说，这怎么会呢，用三周多的辛苦换来一次小长假，想想都很有奔头啊。于是，大家看到的我总是脚步如风、热血沸腾的模样。

只要不是不可抗拒的因素，我会选择跟家人一起去旅游，跟爱人去看一场演唱会，或者跟朋友一起玩玩音乐。

如果是一个人去旅游，我一定会投宿青旅。这不是因为青旅价格较低，而是它是一个故事集聚地，在那里更能让我们遇到怦然心动、热血沸腾、彻夜高歌、感动久久的人和事。

我常常在青旅里跟黑人朋友一起弹琴，跟同时爱好旅行的驴友一起畅饮，跟不拘言笑的离婚男人聊到天明。

我认识一个文友，她很享受一边打工一边旅行的生活。每到一个城市，她都会拍下最美的照片。路费不够时，她就留下来工作一段时间，等赚到足够的路费后再度启程。

翻看她的朋友圈，她曾独自一人沿着中国的东海岸一路向北，途径温州、杭州、上海、连云港、大连，一直到北京才决定留下来。这样的旅行工作让她在工作之余发现了旅行的美好，在步履不停的旅行中永远会对下一个目的地怀有憧憬与期待。

男人都不一定有独走江湖的胆量，更何况是一个看起来弱不禁风的小姑娘。

当别人问起她为什么会选择旅行工作的时候，她总会说："我只是不想看到自己的生活变得百无聊赖。"

一句"我只是不想看到自己的生活变得百无聊赖"是这么的随性，却又这么的诚恳和洒脱。

有人说，归根结底，一个人对旅行的态度就是对生活的态度。

是选择旅行还是不旅行，是独自一人还是成群结队，是随意选择住宿还是对住处考虑再三，是大手大脚地买来一大堆可有可无的纪念品还是象征性地拍几张照片……都是生活态度的一种折射。

没人会限制你追求自我的脚步，除了你自己。百无聊赖的生活，是麻木者赖以生存的一根浮木，是自由者最看不起也绝不允许自己深陷其中的泥潭。

3

大学时我看过不少电影，《死亡诗社》对我的影响颇深。影片最让人难忘的是，老师鼓励学生站在课桌上，以不同的视角去观察这个世界。

一名有着独特想法的老师，和一群想突破自己的学生，注定会产生不一样的思想碰撞——当学生们纷纷站在桌子上时，一场精神上的升华瞬间就完成了。

我们总要为生活增添一些新鲜感和仪式感，而不是一成不变，得过且过。

大路和玲玲的爱情是甜蜜的，也是有目共睹的。即使结婚5年了，柴米油盐酱醋茶充斥了整个婚姻生活，但两人的感情依旧浓烈。

不得不说，很多恋人就毁在了"百无聊赖"上。当热恋逝去，激情耗尽，还有什么可以让人怦然心动呢？

一次同事聚会上，玲玲说出了爱情保鲜的秘密。原来，她和大路虽然已成夫妻，但他们约定，彼此还是要用恋人的方式去相处。他们常常一起看电影，到心仪的景点去踏青，不管是谁去外地出差，双方都会如热恋时那样煲电话粥，还有在特殊的日子里给对方挑选纪念品……

这样的婚姻，不管过多少年，大家都不会觉得单调和乏味。相反，视婚姻为爱情坟墓的人，过早地给婚姻贴上了标签，最终懊悔的只是自己。

有人说："喜欢什么，就伸手去摘吧。星星再耀眼，也要踮起脚尖去够一够。尝试过，努力过，就算不能得偿所愿，也好过遗憾一辈子啊。"

要是不想看到生活变得百无聊赖，就要趁早把生活折腾成自己喜欢的样子——不然，老了拿什么回忆下酒呢？

4. 迷茫无助时，正是你的快速升值期

1

"520"这天，璐姐独自一人坐在空荡荡的办公室里。这是一家创业中的互联网公司，璐姐是这家公司的老板。她看着窗外，安静得似乎世界上就剩下自己一个人了。

在这座满大街充斥着荷尔蒙的城市里，所有员工都去约会了，就连单身的小彤也被别人拉去聚餐了。

就在两个月前，我还和璐姐一起寻找过办公场地。几经周折，她终于敲定了离市区最近的一家。那是一家歇业了的酒吧，很久没人打扫了，打开房门，眼前一片狼藉，杂物堆成了一座座小山，一阵阵恶心的腐臭味扑鼻而来。

即使这样，璐姐都没舍得雇佣清洁工。她花了两天时间去打扫，最后如愿以偿地把废弃酒吧变成了干净整洁的办公区。

璐姐早就精心准备好了运营公司的一切，她说，这是她一直以来的梦想，拥有自己的事业远比为别人打工一辈子强。可是，这一天，当所有人都请了假走后，孤独无助

的她却陷入了恐慌。

她曾告诉我，她不是一个喜欢安静的人，她喜欢热闹，喜欢张扬，喜欢忙碌一天后的心满意足。而现在呢，公司还有一大堆事情需要处理，加上市场不太景气，家人也不太理解，朋友更是不太支持，她有点心力交瘁。

或许，忙碌的人最畏惧的就是安静下来的沉思。

那天，璐姐给我打来电话。电话里，她说了在心中压抑很久的话："你知道吗，其实现在我挺迷茫的。"

我有些惊讶，问："公司不是在渐渐步入正轨吗，还有什么好迷茫的呢？"

璐姐苦笑道："你看到的只是表面，其实早在租场地之前，家人听说我要独自去创业，还是互联网公司，他们就一百个不看好。也许在他们眼里，踏踏实实地上班才是正事，所以都认为我是被骗了，或者被理想冲昏了头脑。"

她停顿了几秒，接着说："还有我那个闺密，听说我要回老家创业，马上加入了进来，还帮我招来了好几个员工。后来公司办起来了，但因为市场运作出现了瓶颈，她索性辞了职，连几个一起来的同事也在她的煽动下离开了。"

所有的原因归成一点，就是他们还没赚到钱——赚到心里的那个"预期"。

2

俗话说："墙倒众人推，破鼓万人捶。"创业公司远没想象中的那么简单，一旦踏足市场，就意味着弱肉强食，适者生存。

我试着安慰她："是啊，为自己打工和为别人打工的确不一样。为别人打工，按月拿工资，有稳定的收入，完全不用考虑公司是否发展得好。为自己打工就不一样了，就像现在的你，即使市场再难做，人员再难招，都要自己一个人去扛。我之所这么理解你，是因为我和你有着相同的经历。"

的确，我也曾有过一段艰苦的创业经历。

以前，我开了一家广告公司，运营了一两年还是没能收回成本。在我最困难、最潦倒的时候，往往是自己一个人招聘员工、拓展市场。后来有了同事，还是要熬到夜里一两点，早上 5 点又要硬着头皮起来，给他们主持工作、开动员会与出谋划策。

其实，安慰一个人最好的方式，不是一味地劝慰他想开点，别计较，而是用自己的例子告诉他：嘿，我和你一样，你不是一个人，你的背后还有千千万万个我。

我接着说："璐姐，你要知道，弹簧之所以弹得高，正是因为它被压得够狠。当你迷茫无助的时候，正是你的快速升值期。那些大大小小的会议，无形中会让你的表达游刃有余；那些合作对接，无形中会提升你的谈判能力；而开拓市场，无形中也会让你学会统筹帷幄，兼顾全局。"

谁不曾迷茫过？谁不曾无助过？

正是因为迷茫和无助，才会有所提升和进步。没有白费的努力，也没有徒劳无功的馅饼。我们迷茫，我们无助，但是始终不要放弃自己。

3

一个写作圈的朋友跟我说起了她读研究生的经历。

她的名字叫彭玉，考上研究生那年她已经26岁了。这个年纪，同龄人大多已经毕业参加工作，可以养活自己。而她呢，还要依靠家里给生活费，忍受着教室、自习室、食堂三点一线的单调生活。

自己什么时候才能完成学业，赚钱养家呢？

彭玉听说，现如今研究生就业形势依然紧张，即使入职了，也不准许产假；即使是去相亲，自己还会因年龄问题而遭到对方的嫌弃。

"我本来觉得自己考研之后会成为天之骄子，等真的变成研究生之后才知道，不过是人见人捏的饺子。"她时

常因为忍受不了内心的煎熬而辗转反侧，因为看不到未来

的方向一度感到迷茫与无助。

迷茫无助的时候，正是一个人的快速升值期。与其把时间浪费在痛苦和挣扎中，不如明确一个方向走下去，把现在的时光过得更充实。

研究生三年，彭玉似乎没倦怠的时候，她说："我不敢倦怠，也没理由去倦怠，迷茫无助的时候，是理想在召唤着我。"

读书需要静心，需要心无旁骛，这一点，彭玉比任何人都清楚。为了汲取更多的知识养分，她几乎把吃饭、睡觉以外的时间都花在了读书上。甚至有人说，她这样拼命，简直活成了苦行僧的模样。

杨绛说："你的问题主要在于读书太少而想得太多。"这话不无道理。

我们大部分人在迷茫的时候就会胡思乱想，却忘了迷茫的空白期是充电的最佳时机。很多人，毕业之后就很少读书，甚至宁愿在网络信息的垃圾堆里蹉跎一天一夜，都不会花 5 分钟在读书上。

4

彭玉的努力没白费。临近毕业，她已经发表过很多研

究性论文，举行过几十期读书交流会，写了近三十万字的读书笔记，并在公众号上成功收获了几十万粉丝的关注量。后来，她被一家名企提前录用，人生崭新的一页也随之翻开。

有人说，学会与迷茫无助和解，是一个人走向成熟的标志。

只有真正明白自己想要什么，才会减少周围环境对我们的伤害。唯有先让自己强大起来，才会在迷茫无助的时候兵来将挡，水来土掩。

刘同说："也许你现在仍然是一个人下班，一个人乘地铁，一个人上楼，一个人吃饭，一个人睡觉，一个人发呆。然而你却能一个人上班，一个人乘地铁，一个人上楼，一个人吃饭，一个人睡觉，一个人发呆。很多人离开另外一个人，就没有了自己。而你却一个人，度过了所有。"

既然你改变不了现实，不妨先充实自己，也许下一秒你就会与众不同。

愿我们都可以在孤独里起舞，在无助里成熟。

5. 一个人对待工作的态度，决定了他未来的高度

1

前不久，我回老家装修房子。

当时，刚从售楼部办完交房手续，门口就有许多装修公司的派单员围堵过来。说是"围堵"，不过是发几张宣传单，再加上一句可有可无的宣传词。

事实上，我并未过多地在意这些漫不经心的派单员。真正用心的人，总会在不经意间给你创造惊喜，就如初一。

第一次见到初一，还是在我家门口。初一是一家连锁装修公司的负责人，穿着蓝衬衫和黑西裤，皮鞋和头发一样锃亮。交房那天，她趁我去物业交费的间隙，赶在了我的前面。

简单交流之后，我们互留了名片。

最让我惊讶的是，初一不仅知道我家的门牌号，还针对我的户型提前做了好几套设计方案——哪里可以砸墙，哪里可以贴壁纸，哪里可以打书柜，以及风格的种类是欧式、地中海式、古典式、现代简约式……

这样精心的准备，真的是一个惊喜。对于一个刚刚拿到钥匙的人来说，最憧憬的莫过于把新家装修成自己喜爱的模样。而初一的到来，满足了我所有美好的想象。

后来我才知道，初一之所以对我的新房如此了解，是因为她早早地对我的户型以及小区里所有的户型都做了研究。她之所以知道我的门牌号，也是第一时间从售楼部那里打听到的。

在初一看来，没有卖不出的服务，只有卖不出服务的人。当一个人为工作准备好一切时，即使结果未能如愿，也不致徒劳无功。

我还听说，我所在的小区，凡是请了装修公司的业主，一半以上都认识初一。这样人气爆棚，让其他竞争对手难以企及。既有心思缜密的设计方案，又有人人认可的口碑，谁不会心动呢？于是，我和初一签订了装修合同。

也许是惺惺相惜，我们不仅曾经有过合作关系，后来也成了无话不谈的好朋友。

2

某个深夜，我看到初一发的一条朋友圈。那是一张新店加盟后众人簇拥的图片，下面是一句让我回味至今的话："一个人对待工作的态度，决定了他未来的高度。"

我不禁有点好奇初一的过去，她毫无保留地对我说："四年之前，因为家境不好我从镇上的中学辍学，跟着一名远房亲戚学木工。那时，我只是一个呆头呆脑的小木工，起初在作坊里做家具，后来县里房地产开发兴起，亲戚接了不少活，我就跟着一起奔波忙碌了。"

"后来怎样了？"我又问。

"后来，我产生了一个念头，自己要成立一家装修公司。有时我在想，如果只是朝九晚五地工作，领取一份固定的工资，那么，我的人生哪里还有什么追求和挑战？

"所以，我开始学习木工以外的知识，接触木工以外的人员。到了后期，不管是风格的设计、材料的购置，还是家装的窍门，我都了如指掌。也正因如此，我才吸引了越来越多的客户。"

"再后来，你就成立了自己的装修公司？"我开始心生敬佩。

"是啊，我的装修公司已经在附近的城市和县城入驻，现在已经有六家加盟店了，将来还会有更多的合作伙伴纷至沓来。我之所以有今天，就是靠着这句话：'一个人对待工作的态度，决定了他未来的高度。'它是我们公司文化的核心，也将是我永远的座右铭。"

初一的话让我相信，一个人的成功绝非偶然。

在很多人看来，工作之于工作者，无非是一个获得劳动报酬的载体。

在这个日渐浮躁的时代里，似乎永远都不曾涨过的底薪竟成了人人最不愿放手的救命稻草。除此之外，你比之前付出更多了，就该获得更多的报酬，一旦满足不了你的要求，你就会据理力争。

事实是，只有心甘情愿地为公司多付出，才有被垂青的那一天。

3

"工作就是打磨一件艺术品"这句话，第一次我是从大林那里听到的。

曾经我不以为然，天真也执拗地以为，工作无非就是牺牲自己的时间和精力，去换取一些该得的经济回报。于是，从我来到新公司的那一刻起，我就有了懈怠的念头。

那是我离开老家北上求职的第一份工作，在一家大型玩具厂做市场 BD。因为工作的需要，我常常顶着烈日去各大幼儿园、托管中心以及玩具商铺上门拜访。

经济上的拮据，以及恶劣的居住环境，似乎每天都在嘲笑着我的落魄。一开始，我还热情积极风雨无阻，可时间越是往后推移，我的惰性以及对现有生活的依赖性就逐渐升级，以致到了最后，我连上下班都懒得打卡，平时的大小会议都敷衍，时刻盼着下班和周末，以便再度拖着空虚的自己游走世间。

我开始像一台没精神内核的机器，每天的生活麻木不堪，周而复始。

在所有同事里，大林是我关系最好的朋友，也是我的邻居。每天看着他精神灼灼的样子，我仿佛看到了一个永远不知疲倦的陀螺，一个永远不缺燃料的内燃机。

事实上，大林的业绩跟我旗鼓相当，唯一不同的是，只有高中学历的他，竟在所有人的投票支持下被选为了新一任部门经理。

这一点让我心生愤懑，一起入职的同事，也没见他的业绩比我高出多少，几个月下来，两个人的差距竟然会拉开这么大。

工作之余，我们还是经常去一家烧烤店。大林升职的那一晚，我们依旧来到那家烧烤店，点了我们吃再多都不会腻的金针菇和碳烤鱼。

几杯酒下肚，我开始苦笑："真是不敢相信，当初我们是一起进来的，现在我依旧原地踏步，而你已经高升。"

大林没回避这样尴尬的问题，他说："其实，我和你一样，都是第一次来到北京，没有亲戚，没有朋友，除了努力工作，我真的想不到更好的办法来对抗自己对未来的恐惧。"

我认真地听着，没说话。

大林把杯中酒一饮而尽，接着说："虽然我没有受过高等教育，没有大学文凭，但我始终感谢我的高中语文老师，她说过的一些话，足够让我终生受益。"

我有些惊讶，问："高中语文老师？说了哪些话会让你这样铭记至今？"

大林望着我的眼睛，说："她曾说过，不管我们未来从事什么样的职业，只要肯下功夫，像打磨一件艺术品一样去工作，就不怕没有收获。"

我们缺少的，就是把工作视为打磨艺术品的认知。

4

后来我才知道，在有道词典里输入"work"一词，就会显示出多种释义。

原来，work 除了有工作和劳动的意思，还有产品、著作和作品的意思。

如果说，我们简单地把 work 视为一种工作或劳动，那么毫无疑问，我们往往会机械般地重复同一件事，甚至激情和新鲜感会荡然无存，work 也就失去了原本的意义。

如果把 work 视为一件艺术品，那么，我们付出的努力将变得意义非凡——既然是制作艺术品，那就必须充满激情，充满活力，充满创新。

所以，工作等于制作艺术品，只是你没发现而已。

可悲的是，身边有很多人仍在麻木不仁地拿着死工资，又想偷懒，又想升职加薪。但是，即使天上会掉馅饼，你要想被砸中，也得跑到最有可能扔馅饼的地方去啊。

那些拿着固定工资的人，总会对奔波、忙碌的人冷嘲热讽；那些开会时总在窃窃私语的人，总会抱怨工作的乏味、无趣；那些总想偷懒、放假的人，总会无精打采地把时间挥霍在只能带来短暂快感的娱乐里。

有位著名企业高管曾说："现在的工作态度，决定十年后这个人是人物还是废物。"虽然这句话有些极端，但足以证明工作态度对一个人的未来塑造得如何的重要性。

我始终相信，一个人对待工作的态度，决定了他未来的高度。没有对工作百分之百的态度，总有一天会被现实打一记响亮的耳光。

6. 哪有没时间这回事，还不是因为懒

1

临近毕业，所有人都在为毕业后的去路忙碌着，室友王双却是个例外。

那是离别的 6 月，陆续有人离开了，宿舍楼里静得可怕，连宿管大爷也不再熬夜，早早地锁上了大门。

虽然还在原来的城市工作，我却很少回校。有几次回校拿行李，我都看到王双带着黑眼圈对着电脑打游戏。其实，早在大一的时候，王双就开始沉迷游戏，甚至可以连续一个月白天睡觉，晚上玩通宵，要不是辅导员及时劝阻，他都有可能毕不了业。

网上对"混大学"有这样一段总结："通识课不愿上，选修课不想上，专业课坐在教室刷手机；翘课成习惯，活动不参加，整日宅在宿舍，能点外卖就绝不去食堂；交作业、写论文，不挨到最后一晚不动笔，复制粘贴、东拼西凑、应付了事……"

王双就是这么一个活生生的例子。

有一次回校，我看到王双刚刚睡醒，而他起身后的第一个动作，就是去按电脑的开机键。见我回来了，他没急着去洗漱，似乎有话想对我说。

我一边收拾自己的书桌，一边打开了话匣："到下个月宿舍楼就不让住了，你想好去干吗了没？"

王双酝酿了一下说："嗯……我认识一个学法律的学弟，他告诉我，现在司法考试对非法律专业的毕业生开放了。我对律师职业挺感兴趣的，就准备试一下。"

那是我第一次听王双说起自己的兴趣。原来，表面上除了网游别无兴趣的他，还有这样一个扶持正义、除恶扬善的理想。

我原以为王双会按部就班地买书、学习、报名考试，实际上，在我第二次回去的当晚，他就主动放弃了。我问他原因，他说，他上网查了查司法考试的信息，发现要考的科目竟多达十几门，现在离下半年10月份的考试不到半年了，他觉得自己没多少时间去准备，就不想考了。

说实话，我真想一巴掌扇他个眼冒金星。

对于一个不求上进的人来说，时间永远是可以为偷懒寻找到的借口。如果决定要参加司法考试，科目再多又怎样？如果真想当律师，用半年的时间全身心地投入，万一考过了呢？

与其浑噩度日，不如放手一搏。

即使落榜，又能怎样？那些学过的法律知识，也会为自己未来的生活带来益处。怕就怕在，明明是自己懒惰，却拿"没时间"来搪塞——机会一旦错过，或许工作和学习会两误。

只要你决定走一条路，全世界都会为你让路。在强大的行动力面前，所谓的"没时间"真的不堪一击。

2

在日本有一个超级厉害的辣妈，名叫吉田穗波。

当年，吉田穗波从名古屋大学博士毕业，在东京银座的妇幼综合诊所担任妇产科医师。在结了婚生下两个女儿后，她就开始了医院、托儿所和家三点一线的生活。家里的琐事，工作的忙碌，一度让她迷失了自己：真的要这样辛苦操劳一辈子，直到永远地抛弃梦想吗？

有一天，她把自己要去哈佛大学深造的梦想告诉了丈夫，没想到丈夫毫不犹豫地选择了支持。

欣喜过后，一个巨大的问题出现了。像哈佛大学这样的世界顶尖高等学府，要付出多大的努力、战胜多少的竞争对手才有被录取的机会啊，而自己要工作，要照顾家庭，哪有时间专心学习呢？

当身边所有人都在质疑自己的时候，吉田在她的书桌上写下了这么一句话：将所有的逆境化为助力。

在她看来，一天总共有 24 小时，谁都无法改变它的长度，却可以增加它的密度。于是，她的时间被无限放大了——吃饭的时候，她会构思论文的结构；照顾孩子时，她在思考如何去回电子邮件；工作闲暇的时候，她就背单词、刷考题；做家务的时候，她还不忘练习听力。

为了能够有一段完整的时间来学习，她想到了早睡早起的办法。晚上跟孩子们同时睡觉，凌晨 3 点她就会早早地起床，一直学到天亮。

吉田觉得，完美主义其实并不可取，很多人被"完美"所累，殊不知"做一点是一点"也是另一种完美，日积月累下来，跬步必成千里。

功夫不负有心人，如此夜以继日地努力了半年，吉田终于等到了哈佛大学寄来的录取通知书。

有人说，她要不就是运气好开了挂，要不就是智商高，要不然怎么可能这么容易就考上了哈佛大学呢？

可只有吉田穗波自己知道，没有平白无故的成功，也没有从天而降的好运，你只能抓住时间的尾巴，为梦想付出一点一滴的努力。

3

没时间，永远是一个伪命题。

有些人，总会以各种各样的借口来麻痹自己：没时间，真的很忙，真的好累……但他们有大把的时间娱乐。

你有时间玩游戏，居然没时间看书。

你有时间追影视剧，居然没时间收拾屋子。

你有时间逛淘宝，居然没时间锻炼。

你所谓的"没时间"，是不愿意牺牲自己休息和娱乐的时间，去做那些在当下看不到任何收益的事情。

改变，意味着离开舒适圈，学习新事物，消耗脑细胞，所以必须经历一段痛苦的磨炼。这些潜意识告诉你，你已经很累了，如果没有确切的收益，你不想去冒险，而维持现状或许是最优解。

所以，懒惰的人总是抱怨，要上班，要通勤，要交际，要休息，回家累得跟狗一样，哪里还有时间。可是，如果你不尊重时间，时间也会给你一记狠狠的耳光。

4

在大城市，上班族的地铁来回通勤要三四个小时算是很正常的事情。可以说，人们把一部分宝贵的时间都献给了地铁。但是，如果真有决心完成一件事情，在地铁上看看书、练习听力、整理文件，又未尝不可。

实际上，在地铁里，大多数人首先想到的肯定不是工作和学习，而是玩手机。这可以理解，当你拖着疲惫的身体下班，挤进地铁，好不容易抢到一个座位，眯上眼睛打个盹儿，或者打打游戏该有多美好。

下了地铁，吃过晚饭后，你拖着疲累的身体回到家。看到舒服的大床，你又毫不犹豫躺上去，打开手机看抖音，不知不觉就到了睡点。但真正重要的事情呢，或许早就被你忘得一干二净了吧？

是因为没时间吗？答案肯定是否定的。

你所谓的"没时间"，不过是对某件事不重视而已。想一想，家里断电断水、爱人发脾气、孩子生病，这样的事情一旦发生，谁不是箭步如飞，归心似箭呢？

所以，所有的"没时间"不过是安于现状，不敢跳出舒适圈的借口罢了。

PART2：

谁不是在荆棘丛中扎满了刺，

拔掉后继续前行

不管前方的路有多苦，只要走的方向
正确，不管多么崎岖不平，都比站在原地
更接近幸福。

——宫崎骏《千与千寻》

1. 成年人的世界里，没有"容易"二字

1

某个深夜，我出差回来，给山子发了一个微笑的表情。

山子是我的大学同学，毕业后，他跟两个老乡要合伙开一家广告公司。因为知根知底，几个合伙人彼此都信任，公司很快就挂牌成立了。

此时山子还没睡，我收到了他的回复。后来我发现，不管多晚我给他发信息——哪怕是凌晨 4 点，他都会在第一时间回我一句："还没睡。"

我深知山子要强的性格，天赋不够，努力来凑，不达目的，誓不罢休。只是当初我还并不了解他的处境，直到两天前他才向我和盘托出。

原来，早在半年前，他们的公司就发生了一场变动。因为山子与另外两个合伙人的发展理念不同，并且大家都不愿意让步，所以他们发生了争吵，甚至还大打出手。

山子自然是不愿看到公司就此分崩离析，可徘徊于两人中间，自己也很无奈。最后，资源较多的那一方另起炉

灶，带走了公司大部分的客户和员工。另外一方也觉得没有待下去的必要，走人了。

山子辛苦打拼出来的公司，就这样不欢而散，只留下自己一个人苦苦死撑。

他心有不甘，却又不得不承认，这个承载他很多梦想的公司早已千疮百孔，说不准哪天就会关门大吉。

为了让公司回到正轨，山子一个人挑起了人员招聘、市场拓展、对接客户、设计方案、配送产品等重担。他没有了后盾，一切都要靠自己。

那段时间，他常常忙碌到一天只吃一顿饭，睡三个小时，即使生病了也要咬着牙坚持，伏案一整夜的他还要在第二天早上抖擞精神，冒着严寒去给客户送方案。

有朋友劝山子，如果不好做，那就不要做了，何必把自己搞得这么累。

山子苦笑，谁不想丢掉一身包袱，想玩就玩，想睡就睡呢？可毕竟情况不允许，自己不但要给员工发工资，还要给供应商付货款。当压力从四面八方袭来，放手一搏才是唯一的出路。

山子说，压抑的时候，他都会去压马路，独自一人，没有方向，只是为了让自己平静下来。难过的时候，他会看上一两集《熊出没》，那里面光头强和熊大熊二越挫越勇的精神会让他不由得嘴角上扬。

长大之后，我们终究会发现，成人的世界里没有"容易"二字。长大意味着要承担更多的责任，也意味着很多时候我们必须单枪匹马地直面生活的兵荒马乱。

自己选的路，跪着也要走完。既然不容易，那就做一个披荆斩棘的战士吧。

我始终相信，历经过岁月磨砺的人，总会被岁月温柔以待。就像后来的山子，在一番摸爬滚打之后，公司渐渐步入正轨，越来越多的客户慕名而来。

2

电影《这个杀手不太冷》里，马蒂尔达问："人生本就是苦，还是只有童年苦？"

里昂的回答是："一直如此。"

在这个竞争的社会里，谁都有自己的不容易。上学时需要力争上游，拿出好成绩；成年后又要背负生存的负累，承担家庭、事业的责任。

最近，我看了一部催泪短片，故事的主角不过是平凡的你和我，却戳中了无数人的泪点。

一个深夜加班的实习生，她被老板催着做数十页的PPT，却猝不及防地遭遇了蓝屏，孤独无助的她一遍遍地哀求着："谁来救我……"

一位广告公司的客户经理，为了让刁钻的客户能够满意，她加班加点地工作着，即使男朋友从外地赶来，她都无暇顾及。

还有一名急诊科的护士长，家里的孩子发烧了，她正要下班回家，却被通知发生了事故，许多伤员马上会送来。

生活总有辛酸无奈，谁不想舒舒服服地睡个懒觉，多陪陪爱人和孩子呢？很多时候，不是我们不想，而是我们不敢想。久而久之，连睡个懒觉都成了奢望。

但生活总是如此悲观的吗？

那倒也不是。正如在短片里看到的那样：实习生努力的背后，是为了得到在大城市发展的机会；客户经理努力的背后，是为了爱人千里之外的思念；护士长努力的背后，是女儿熟睡的面庞。

我们都曾想过用千万种理由放弃，到最后还是会用一个理由坚持下去。因为，坚持下去才会有转变际遇的可能性。

当实习生删掉了"辞职信"，并重新输入"并购市场"的时候，老板发来了一条暖心信息："会议延迟，你可以转正了。"

当客户经理终于忙完工作，站在冷风中瑟瑟发抖的时候，男朋友突然出现，向她求婚。

当护士长终于帮着医生忙完一台手术，老公发来信息告诉她："你安心工作，女儿的高烧退了。"

所有的努力都不会白费，它总会在你快要跌入谷底的时候，给不尽如人意的生活一次绝地反击。

3

前几天，朋友圈流传一段视频。视频里，一个光着上身、双手掩面的中年男人一边蹲坐在路边，一边号啕大哭："我难受得很，我爸得了癌症，做了四次化疗，病情还是没有减轻。我就是今天喝了点酒，发泄发泄，处理下我的心情。我爸小时候对我好得很，我现在也是为人父母了，我今天趁着家人没在，我才在这儿哭呢。家人在这，我回家不敢哭。"

成年人从不轻易在别人面前叫苦，更不轻易在别人面前痛哭，尤其是面对家人的时候。一个 30 多岁的中年男人，是父亲，是丈夫，也是儿子，在家人面前，他永远是高大坚强的形象，只有一个人的时候他才敢卸下所有铠甲。

前几天，我在网上看到自己喜欢的一位博主发的文章：

"2010 年，前夫欠了巨债，抛下我和 3 岁的女儿。放高利贷的人上门催债，到处贴着他的'欠债还钱'照片。我躺在床上，睡着了都不相信那是事实，一定是梦吧，以后要一个人撑起一个家。

"才 28 岁的我，自己一个人照顾老人与孩子，白天上班还要不断地找寻他的消息。为了还债，我卖掉了所有值钱的东西，一家人搬进了出租屋。看着年幼的女儿，心里很痛，也很自责，没能给她一个完整的家和优质的生活。

　　"那段日子我也总会在梦里哭醒，虽然很窘迫，但是为了女儿，我必须努力挣钱养家。事实证明，我熬过了那段最艰难的日子。如今，女儿上小学了，我们也有了自己的小家，相依为命。而那个他，已成了我的过去。

　　"我想说，时间是好东西，能让你忘记过去的痛，也让你忘记恨。现在的一切看似平淡，我反而佩服那个时候的自己，在努力的背后，原来我也可以这样强大，因为我知道女儿是我最大的动力。

　　"不管遇到什么事，只要你相信自己，除了生死，其他都不是事儿，多想想家人，一切都会好起来的。"

4

　　一直以来，我都是一个十分感性的人，看到别人流泪，我也会动容。我知道，那些或辛酸、或悲伤、或迷茫的经历背后，是种种不易。

　　因为不易，我们才要拼尽全力；因为不易，我们才要证明自己。

别让你的努力配不上你的野心

那些装载了理想和现实的大城市，似乎永远没有昼夜之分。在每一栋灯火通明的写字楼里，总有人暗自忍受着孤独与落寞，也总有人默默期许着更好的生活。

鲜衣怒马时，我们总盼望着长大。可如今我们已经长大，却又在怀念过去无忧无虑的时光。

人常说，长大是一件很残忍的事情，这就意味着，我们要准备好迎接辛酸与苦难，因为无论是工作还是生活，成年人的世界里永远不会出现"容易"二字。

可是，我们终究要长大。

看看那些加班到深夜，在快餐店里趴下就睡的白领；看看常常叮嘱病人要好好休息，自己做完手术倒头就睡的医生；看看在钢筋水泥的丛林里挥汗如雨下的农民工；看看一边蹲在马路边上吃面包，一边泪流不止的年轻人……

我们还有什么理由放弃？

三毛说："生命的过程，无论是阳春白雪，青菜豆腐，我都得尝尝是什么滋味，才不枉来走这么一遭。"

这个世界比我们想象中的更残酷，但我们也要相信，这个世界比我们想象中的更美好。

2. 真正的勇士不是从不落泪，而是擦干眼泪继续奔跑

1

我是在武汉的一家青年旅舍里认识苏克的。

苏克是浙江湖州人，180厘米的大高个，皮肤有些黝黑，最惹人注目的是，他戴着一双闪闪发光的金丝眼镜。

武汉的10月，酷暑还没散去，许多背包客依旧源源不断地从四面八方赶来。

那晚，我和苏克几乎是同时回到旅社的。我问他："今天都去了哪些景点？"

苏克把背包重重地甩在床上，一边微笑，一边作冥想状："去了哪些景点呢？我想想啊，登了黄鹤楼，游了户部巷，去了汉口江滩……对了，我还徒步走完了长江大桥。"

说到游玩的经历，苏克开心得像个孩子。真难以想象，眼前的这个同龄人，竟然会用短短的一天游玩了这么多景点，我有些吃惊。

"干吗那么累，国庆长假，反正有的是时间，大不了多玩几天。"我劝道。

"不了，我明天就要回去了。"苏克说。

"你不是才玩了一天吗？怎么那么早就要回去？"我疑惑地问。

紧接着，苏克说出了一段耐人寻味的话："出来旅游，有的人是为了增长见识，有的人是为了放空自己，而我是为了思考未来的路。这次我一路旅行，一路思考，已经从旅行中得到了自己想要的答案，所以现在我只想快点回去，更好地工作，提高生活的质量。"

有些人，认识很久了却从未交过心；有些人，萍水相逢却可以和盘托出心声。

苏克就是一个愿意与我交心的人。

那个星星满天的夜晚，我们站在天台，望着下面车水马龙的街道，一口一口地咽着冰啤酒。

2

苏克说，大学毕业后他回到老家开始创业。一番努力后，他的广告公司终于步入正轨，不料在运营的过程中受到了同行的恶意排挤，再加上自己经验不足，导致客户寥寥，最终不得不关门。

说到难过处，他望了望天上的星星说，因为自己过于固执，让一再忍让他的女友也离开了。

我试探地问："那明天回去，你有什么打算？"

苏克转过头，把最后一口啤酒一饮而尽："这次旅行没白来，我想通了很多问题。回去后，我要从小职员开始做起，等学到了经验后东山再起。还有，我知道女友为我流了很多泪，我一定要挽回她。"

我也一饮而尽。

那晚，我们站在天台上像疯子一样大声呼喊——好久都没这样疯狂了，好久都没这样酣畅淋漓了。纵然上一秒我们心中满是伤痛，也要在下一秒满血复活，斗志昂扬。

这才是真正的勇士。

3

还记得在《中国梦想秀》上走红的李应霞吗？

李应霞14岁的时候从安徽老家随着叔叔等人一起来到四川都江堰谋生。因为热爱唱歌，她索性就在当地的歌廊里唱歌挣钱。

但2008年的那场地震几乎毁了她的一切。

那时，李应霞和丈夫、母亲以及妹妹都住在都江堰的一间出租房里，谁也不会想到地震会毫无预兆地袭来。见楼房晃动，周围满是哭喊声，李应霞一家四口匆忙地向楼下跑去。令人扼腕的是，还没等他们有喘息的机会，整个楼房的楼梯间垮塌了，李应霞一家也被埋在了楼梯间。

"妈妈和妹妹很快就被救出来了，剩下我和丈夫被埋在下面。"李应霞说。

就在第二天，来自山东的救援队发现了被埋在地下的李应霞夫妇。可就在救援队正要抢救他们时，李应霞忍着剧痛，提出了一个要求："先救我老公。"

当时曾参与过救援的士官尤剑国证实了李应霞的说法："她老公当时就被埋在离她约 10 米远的地方，一根大梁撑起了一个小空间，所以他当时并没怎么受伤。"

尤剑国补充道："既然她要求先救她老公，我们就按照她的意思，将她老公先救了出来。"

等她醒来，发现自己的双腿已被截肢。

"昏迷几天醒来后，我发现两条腿都没了，剧烈的疼痛和没有双腿的痛苦让我几乎没有勇气活下去。"她说。

肉体上的疼痛远不及情感上的伤痛，李应霞在被送进医院一个星期后，丈夫提出想回一趟安徽老家。可这一次离开，他就再也没有回来过。这无异于雪上加霜。

肉体和精神上的双重打击让李应霞意志消沉，她甚至想到了结束自己的生命。一个人倒下去可能只需要一秒钟，重新站起来可能要用很长的时间。

好在在家人和社会的帮助下，李应霞顺利地装上了两条假肢，她得以站了起来，虽然行动不便，但她的人生似乎多了一份希望。

4

第二年，李应霞再次回到都江堰，拿起吉他外出唱歌。

由于站得太久，走路太多，每次唱完歌回来脱下假肢后，李应霞常常发现，膝盖与假肢接触的部位被硬生生地磨破了。时间一长，磨破的皮肤结了疤，伤疤再次被磨破，鲜血直流……

最令人动容的是，她在拐杖上贴着三个大字：站起来。

"我总有一天会站起来。"她不断地鼓励自己，虽然她也明白，重新站起来并不是一件容易的事情。

李应霞说："我喜欢唱歌，我也只会唱歌，生命里如果没有歌声，我总觉得缺少一点什么。"

当人群散尽，李应霞一个人扛起40多斤重的音响器材和吉他行走在回家的路上，背影里写满了坚毅。后来，一名网络拍客把李应霞唱歌的视频传到了网上，很快，视频的点击量迅速超过了四五十万。

紧接着，许多歌唱节目向李应霞递来了邀请函，她的命运也由此发生了转机。

唱歌是李应霞的工作，也是她一生不变的追求。孤独无助的时候，受人嘲讽的时候，是歌声给了她无尽的希望和动力。网友们无不庆幸，她终于站了起来，敢于面对困苦的一切了。

5

曼德拉说："生命中最值得荣耀的，不是没有失败，而是在每次失败后都能勇敢地站起来。"

站起来，才会有绝地反击的机会。

站起来，才会有改变命运的可能性。

俞敏洪在高校演讲时，常提到这样一个故事：新东方有一名学员去美国大使馆办签证，结果去了三次都被拒签。那个姑娘特别痛苦，整天郁郁寡欢，觉得人生一片黑暗。

俞敏洪听到后，就去找姑娘交谈："美国大使馆还允不允许你去第四次？"

姑娘红着眼眶，点了点头。

俞敏洪听后，劝导她说，只要允许你去第四次，那你就去。同时，我们要有一个心态，就是面对失败也要调整好情绪，一定要风度翩翩，这就是成功者。

姑娘第四次去的时候，非常有风度，没想到还是被拒签了。不同的是，前三次去，姑娘依旧沉溺在被拒签的阴影里，甚至一到大使馆就会噩梦重现；而这次虽然失败了，但她已经下定决心，不拿到签证誓不罢休。

到了第八次的时候，命运之神终于向姑娘敞开了大门，连签证官都为她亮了"绿灯"："I never ever want to see you again.（我永远不要再看到你了。）"

所以说，坚持下去，事情成功的可能性往往要比半途而废多得多。

《我若不勇敢，谁替我坚强》一书中有一段话我很喜欢："每个人都有自己的困扰与难题，为青春、为学业、为工作、为爱情、为婚姻、为孩子、为家庭、为以后……为自己。如果没有人依靠，就弯起臂膀，给自己一个港湾。如果没有人给予解答，就自己给自己解答。"

我也很喜欢这样一句话："生活中其实没有那么多皆大欢喜的故事，更没有那么多浮想联翩的奇迹，你只能拼命努力，去换一个还不错的结局。"

3. 不要拿别人的评价给自己设限

1

前不久，我从朋友圈里看到潇潇在一家外贸公司转正的好消息。

说起潇潇，那是三个月前在一次朋友聚会上认识的。那时，她为求职的事情忙得焦头烂额，头发被风吹得有些凌乱，神情有些哀怨。简单的寒暄过后，我和潇潇就聊开了。我们像是两个久违的好友，聊起过去，谈及未来，一字一句都可以触及内心。

聊起过去，潇潇用九个字做了总结："我敢直面过去的选择。"

潇潇说，高考后选专业的时候，她在志愿表所有"院校"一栏都填上了师范大学，毕业后她想当老师。这个决定有些执拗，引起家人和朋友的种种不解。

以潇潇的高分，再加上将近满分的英语成绩，报一所国内知名的大学，选一个英语专业，似乎才是他们的心愿。就连亲戚也把道听途说的消息告诉潇潇，说当下流行的专业是经济学、计算机、通信工程……

但潇潇还是义无反顾地选择了师范大学，只因为自己热爱，就算有再好的专业，她都不会多看一眼。

可这一填惹怒了父亲，原本就紧张的父女关系，一下子降到了冰点。

我问她："为什么不先跟家人商量一下再做决定呢？这样家人会给你一些参考，也可以多听听他们的意见。"

潇潇说："既然是自己选择的路，我就不会后悔。等他们把我劝动了，我改变了，那就跟原来的初衷背道而驰了。所以，与其被他们改变后去后悔，还不如当机立断，遵从自己内心的声音。"

潇潇始终在听从自己的内心。

步入大学，潇潇有一次转专业的机会，尽管有很多人支持，但她仍然不为所动。

到了大二，潇潇的追求者众多，尽管有很多人好言劝阻，可她还是选择了那个离家最远的男朋友——这就意味着，如果他们走到了最后，她就会远嫁。

到了大四，当别人都在准备择业或考研究生之间徘徊的时候，她毅然决然地选择了和同学一起创业，尽管她被别人指责得一无是处，却还是越挫越勇。

最令人惊讶的是，就当家人和朋友都觉得潇潇会把创业坚持到底的时候，她却再次改变了主意。她说，这一次她决定重拾英语，因为将来自己要从事外贸工作。

有些路只要自己走过，才会知道是平坦还是坎坷。如果总是踩着别人的脚印去走，即使最后成功了，也会失去一路探寻的快乐。

"干吗这么折腾，你都已经27岁了，赶紧嫁人生子，过安稳日子不好吗？"

"别人都已经工作三四年了，有的已经混得有头有脸了，现在再学还来得及吗？能赶得上别人吗？"

"跑那么远工作干吗，考个老家的公务员不也很好？"

潇潇的性格就是这样，一旦自己确定的事情，别人八匹马都拉不回来。她常常挂在嘴边的一句话就是："总在意别人的看法，那日子还过不过了。"

是啊，太多的非议容易让我们迷茫。而对别人的看法置之不理，就能活出最本真的自己。

2

我曾看过这样一段话："如果你是狮子，别人骂你是狗，你不会真的变成狗，故不用为此而生气；如果你是狗，别人赞叹你是狮子，你也不会真的变成狮子，故不必为此而生喜。别人的赞叹，不会让你变好；别人的指责，也不会让你变坏，这些没什么可执着的。"

我们不会随随便便成为别人口中的什么人，我们永远是自己，不会为别人的意念所改变。别人的评价，反映的只是片面的视角，无法保证客观真实。就算是再美好的事物，都有人跳出来泼冷水——因为，在他们看来，凡是达不到自己的心理预期、自认为不完美的事物，他们都是无法容忍的。

我们又不是任人摆弄的木偶，为什么要被别人牵着鼻子走呢？周星驰在成名前还是跑龙套的，他尚且如此，我们又怎能奢求事事如意呢？

我们唯一要做的，就是不拿别人的评价为自己设限，只专心于自己喜欢做的事，顺心而为。

3

社会学家鲍尔莱说："一个人成熟的标志之一，就是明白每天发生在我们身边 99% 的事情，对于我们和别人而言，都是毫无意义的。"

我们总要自己去决定一些事情，即使迷路了，跌倒了，甚至一无所有了，也要活出潇洒的本色。

从小到大，我们总会面临各种选择。上什么学校，选什么专业，去什么城市发展，找什么工作……西方谚语说："一千个读者眼中就有一千个哈姆雷特。"无论你做出什么选择，总会有人跳出来提反对意见。

就拿谈恋爱来说，不管你多么爱他（她），你们彼此的身高、长相、学历、性格、人品、爱好、家庭等背景，都有可能是别人眼里不被看好的谈资。

的确，人人都有追求完美的心。可是，想让所有人都叫好、都买账，那你得随便成什么样子啊？所以说，不拿别人的评价给自己设限，活出自己才是最难能可贵的事情。

4. 我知道我飞得笨拙，但我从未想过放弃天空

1

两年前，一段学车的经历让我很是触动。

那时我在老家考驾照，学科目二时，几个人一起围着一个教练转。教练姓张，40来岁，肚子浑圆，而他不苟言笑的神情总给人一种不易接近的隔膜。

在所有学员当中，我算是进步最快的一个。也正因如此，每次我上车的时候教练都会提醒其他学员多跟我学，该在什么位置做什么动作，该在什么时候定点。

其中，有一个姑娘总是学不好，常常在最关键的地方出错，比如在定点爬坡的时候总是熄火，在倒车入库该调正方向的时候打错方向，不断压线。

姑娘的木讷以及理解力上的欠缺，不免让教练有些头疼。即使教练有足够的耐心，但遇到这样的学员，他也是心有余而力不足。他恨铁不成钢，拿着竹条敲打着她手中的方向盘，牙根儿恨得吱吱作响。

谁都想快点学成，顺利地通过考试。只是在教练眼里，

这个姑娘实在是太"笨"了，不管怎么教都会犯错。可想而知，姑娘这样连连犯错，最后自然没考过，而且是唯一落下的那一个。

当大家都在为通过考试而欢呼雀跃时，姑娘只留下了一个孤单而落寞的背影，悄无声息地离去了。

当晚我有些失眠，跟姑娘通了电话。电话里，她说现在自己好害怕学开车，每次想到教练拿着竹条劈里啪啦地打着方向盘，和考场喇叭里传出她考试失败的声音时，她就惶恐不安，紧张得手心冒汗，手脚僵直。

我安慰她说："下次还有机会，大不了从头再来。"

她没再说什么。

三个月左右没联系，大家似乎都忘记了这个姑娘。再次见到她，是在领驾驶证的大厅里。她万分欣喜地告诉我终于考到了驾照，年底还要买新车。

这还是那个连教练都头疼的姑娘吗？我不敢相信自己的眼睛。我立在那里，脑海里浮现的满是她总打错方向、总压线的情景。

她说，自从那次考试失败后，她很快又去驾校报了名。与上次不同的是，这次她投入了所有的专注，不达目的誓不罢休。整个驾校里，她总第一个赶到学车场，因为害怕自己记不住，她就随身携带笔和纸做记录。

其他学员都躲在树下乘凉时，她依旧站在烈日下看着

别让你的努力配不上你的野心

教练车里其他学员的一举一动。

所有学员都在背后说她傻，太阳那么毒，还跟在车屁股后面跑。她觉得没什么，只要能考过，辛苦点值得。

最让我佩服的是，她说白天从驾校回来后，她还会从亲戚那里借来一辆破旧的桑塔纳，在一片拆迁后的空地上练车到深夜。前进、后退，再前进、再后退，如此枯燥的练习，连亲戚都懒得陪。

说完我才发现，她的皮肤比以前黑了很多，不少地方还晒脱了皮。

此时此刻，所有的付出都值得。

比起某些人出身高贵，平步青云，人们似乎更爱看学渣变学霸、菜鸟变大咖的逆袭故事。为什么？那是因为，我们总会从那些故事里看到自己的影子。

只要肯努力，就没有到不了的明天。

2

在坚持写作的这几年里，我从一个默默无闻的新手，到渐渐确定了自己的写作风格，成了一些平台的热门作者。对于一个写作者来说，最开心的事情莫过于朋友圈里转载的都是自己的文章，看到心有共鸣者为自己留言，听到圈里的好友为自己喝彩。

万事开头难，写作也一样。大学时，我读的是与中文毫无关系的专业，毕业后又从事着与写作毫无关系的工作，心里却始终有一个文学梦。

我自知起点比别人低很多，为了提升拙劣的写作水平，我曾几度辞去工作，把自己关在小黑屋里专心读书和写作，也有一天身兼三份工作仍然不忘写作的经历。

可即使这样努力，我还是没能赶上别人的脚步。

3

写作伊始，我曾和几个文友一起建立了交流群，不出半年，几个文友陆续签约了平台，也无声无息地退出了在他们看来已经无法"物以类聚，人以群分"的微信群。

水往低处流，人往高处走。那些熬出来的人，自然不肯再陪我们玩耍，而我也多么希望有一天能追上他们的脚步，看到自己的文章被更多人的关注。

别人只需要花费半年，甚至两三个月就可以完成的事情，我却要用年计算，而且还不是一两年，而是三四年，甚至更久——连我都佩服自己的毅力。

后来有文友惊奇地对我说："呀，不知不觉你也积累了这么多粉丝，而且每一篇都有这么高的阅读量。"

他们永远也不会知道，我为此倾注了多少时间和精力。

当文章没有阅读量的时候，我就发了疯似的转发；文笔尚劣的时候，我就每天逼自己研究一篇爆文；素材不够的时候，我就利用各种空闲时间去追热点，看论坛，甚至不惜花一整天的时间去深读一本书。

4

日剧《别让我走》讲述了三个人探索生存意义的故事，里面有一句台词是这样说的："梦想是因为拥有才有意义，无论能不能实现，都不要舍弃梦想。"

我知道自己的天赋不够，但始终没放弃广阔而蔚蓝的天空。这样的日积累月，无形中给了我迈步向前的力量，同时也让我终有一日站在新的起点，向理想挥手。

每个人都有自己的节奏，而我的脚步无疑是比较笨拙而缓慢的。可那又有什么关系呢？只要精神不倒，目标还在，怕什么实现不了！

5. 哪有什么青春无悔，无悔的都不叫青春

1

去年 5 月 18 日是我开始写作的日子。我之所以能记得这么清楚，是因为于我而言，写作有着非比寻常的意义。

那时我刚刚毕业不久，看着同窗一个个拎着行李离开学校，我的内心既恐慌又平静。恐慌是因为我并不知道未来的自己将何去何从，是跟着就业的潮汐一起漂流，还是留校考研，哪怕考上村官也是好的。

至于平静呢，是因为我还留在实习的公司，如果不出意外我可以留下来，不用再费尽周折去找工作。

那个 5 月，我回到学校（那时候学校还让我们住），并开始接触写作。

一切都是新奇的，我像一个永远不知疲倦的人，用文字表达了许多感想。奋笔疾书一个晚上后，我开始爱上了写作。我喜欢在文字里肆意驰骋的感觉，如果文字是一片草原，我就是那只脱缰了的野马，总觉得前方有什么在召唤我。

别让你的努力配不上你的野心

后来，我大胆地做了一个决定，放弃实习在学校外面租下一间出租屋。这样，白天我就可以专心地在小屋里读书写作，晚上回到学校和留校的几个朋友娱乐。

但这样的时光并没有延续多久，一个月后，本就不多的几个朋友也都离开了学校，剩下我一个人守着空旷的宿舍。

当人群散去，整个楼道都开始空荡荡后，孤独一次次袭来，挥之不去。于是，我把所思所想融入到写作中，写作也成了我战胜孤独的一件利器。

如果放在两年前，有人问我专职去写作后不后悔，我肯定会毫不犹豫地回答说不会，因为我发现自己是真的爱上了写作。

是啊，我们总是喜欢用"青春无悔"来搪塞别人的质疑，用"青春不怕犯错"来纵容自己的任性。因为，有人会告诉我们，错就错了，没关系，毕竟还年轻。

可是呢，时间一长，我们就开始自我麻痹，理性的头脑再也无法战胜感性的意气。如果放在现在，我只觉得当初的意气有失理性——没在毕业之际考虑更好的出路，反而本末倒置地去写作，不免有些轻狂。

可正因为这样，那些日子才被叫作青春。

2

有一个朋友这样感慨道：

"那时我们都是在最没能力给别人幸福的时候，遇到了真正喜欢的人；那时我们手里攥着最后一丢丢的理想，在现实里一次次碰壁；那时我们前路茫茫，却又最不擅长抉择。所以，我们最终没能留住想留住的人，没能坚持住最初的梦想，没能得到想要的一切……所以，青春怎会没有遗憾呢？"

是啊，我们始终在前行，始终在后悔。

我们后悔没多跑几步赶上一班车，而要再花半个小时去等候下一班；后悔在爸妈没听清话的时候耐心地去重复一遍，而是不耐烦地敷衍着；后悔没勇敢地去表白，而是眼睁睁地看着喜欢的人离开；后悔没度过充实的大学时光，没看更多有用的书，没能掌握更多的技能……

不知道有多少次，"后悔有什么用呢"这句话就像一粒带着彩色糖衣的特效药，吃了之后就会有镇定、强心的作用。可是，这种特效药的药效只有数天，甚至只有数小时，当我们无视过错给自己带来教训的时候，只会对这样的特效药产生过度依赖，只是到了晚期，怎么戒都戒不掉了。

后悔不可怕，可怕的是，你既不敢承认自己后悔，又不愿从中汲取教训。

3

陈辰说，她最后悔的经历就是深圳的那次面试。

跟很多人一样，那时她想去北上广深寻找梦想。因为手上只有 800 元，自己最多只能在深圳停留一个星期。为了能够在最快的时间里找到工作，去之前陈辰就计划好了日程，投了简历。

到深圳的那天正好是星期天，陈辰早早地接到了几个面试电话，跟对方约定第二天去面试。开始的几天里她还挺有信心，基本保持每天面试两次。可惜的是，接连 6 天的时间里，她都没遇到合适的工作，直到快要弹尽粮绝的第 7 天。

那天，用人单位跟她约定好了早上 10 点面试。因为路程有点远，她 7 点多就出门了，当时天还下着小雨，她不禁打了个寒噤。

她在车站等了很久，又坐了很久的车，才在手机地图的导引下找到了那家公司。那是一个极其偏僻的地方，与高楼耸立的市区格格不入。荒凉萧瑟的景象，和路边摩的师傅按着喇叭问她去哪儿的样子，让她有些生畏。

来到公司后，陈辰首先看到的是一个 40 多岁的中年油腻男，他是人事经理。看完陈辰的简历后，他问了她一些问题，因为对她的回答还算满意，他直接跟她谈了薪资待遇：月薪四千元，还管食宿。

听到这个消息，陈辰是有些意外的。一个刚刚毕业的人，能找到食宿无忧、月薪四千元的工作，实在不容易。

可当人事经理问陈辰是否可以立马入职时，她却有些犹豫了。彼时，她的脑海里想到的全是来时路上的景象，转身的一瞬间，她还看到了公司后面那一栋破旧的危楼，危楼的露台上乱七八糟地搭着衣服，还有两个光着膀子的男人穿过了露台。

一种绝望的感觉击中了陈辰。隐约之间她感觉到，自己要是留在这里，工作之外的生活或许会是一片狼藉和委曲求全。于是，她向人事经理请求给自己一些时间去考虑。对方同意了。

回去之后，陈辰纠结了很久，最终还是决定留下来。让她没想到的是，自己的这一次"考虑"竟把机会拱手相让了。等第二天她再打电话过去的时候，对方称已经找到了合适的人，而且是当场签了劳动协议。

直到今天，陈辰还常常自责，一夜之间就跟一份好工作失之交臂了。如果当时自己毫不犹豫地答应了，现在的自己一定会不一样。

当时，陈辰还一度陷入了抑郁。她不想跟任何人交流，晚上关了灯躺在床上，盯着昏暗的天花板，脑海里一直在回忆以往的经历，想起以前成绩优异的自己，于是开始不断地质疑自己，甚至质疑存在的意义。

我也时常劝慰她，过去的事情就不要再去回忆，刻意的回忆只会加重自己的心理负担，压得自己喘不过气来。

面试不成功没关系，工作有的是，就看你有没有重头来过的毅力。失恋了没关系，真爱有的是，就看你有没有走出阴影的勇气。

当你开始懊悔过去的时候，你就想象自己正在乘坐手扶电梯。岁月滚滚向前，就像手扶电梯永不停歇地运行，它不会因为我们的不断回望而暂时中止。我们要做的就是注视前方，把握好下一个彼岸的精彩。

谁的青春真的无悔呢？谁年轻的时候没有遗憾呢？

原来，哪有什么青春无悔，无悔的都不叫青春。

6.闪闪发光的背后，是不为人知的辛酸

1

澜姑姑是我姑父的姐姐，现在居住在上海。听我姑姑

说，澜姑姑的网络公司已经在多个城市开了分公司，事业蒸蒸日上。

去年，澜姑姑顺利地在老家开了一家分公司，在一家酒店里请我们吃饭。

好久没见，澜姑姑正在酒店门口招呼客人。一早就听姑姑提起过，澜姑姑是个天生丽质的美人——果然，一袭深紫色印花旗袍将她婀娜的身姿完美地凸显了出来，黑色的卷发像紫藤一样缠绕在她的香肩。

她的皮肤很白，看不出一点岁月的痕迹。她的两腮挂着深深的酒窝，酒窝里堆满了如花般的笑意。一颗明晃晃的钻戒优雅地镶在她的纤纤玉指上，让原本就气质如兰的她更加高贵典雅。

人们常爱用"沉鱼落雁，闭月羞花"来形容女子的可人，可在澜姑姑身上，这么美的词都不免显得逊色了。

我跟澜姑姑攀谈了几句，她拜托我给她儿子讲讲写作技巧，我答应了。

澜姑姑一直忙着分公司的事情，整个假期里我也只见过她两次。暑假结束后，她再次请我吃饭。

席间，我问澜姑姑分公司发展得怎么样了，她皱了皱眉头，说刚与这个城市接轨，还需要一点时间。

"万事开头难，别给自己太大压力。澜姑姑，你已经很优秀了，很多人都羡慕死你了。"我发自内心地赞扬她。

她笑问我羡慕她什么，我说："事业有成，人又漂亮，谁不羡慕呢？"

听我这样说，她轻轻地叹了口气，说："大家都羡慕我的风光，却很少有人知道我的辛酸。"

往事像开闸的洪水，瞬间从她的心房里溢出来。

2

高中没读完，澜姑姑就因为家中变故辍学了。因为长相出众，刚一辍学，村长就找媒人来提亲。媒人说，村长家的儿子人老实，家庭条件也不错，一撮合，两人很快就结婚了。

婚后，澜姑姑发现丈夫整天不务正业，除了睡觉就是赌博，一气之下，她生出了离婚的想法。七大姑八大姨都来劝她，说村长家的儿子从小就娇生惯养，等以后有了孩子就好了。

可不料等孩子生下来，后来都快上幼儿园了，丈夫还是个扶不起的阿斗——别说为孩子交学费了，就是平日里买厕纸，他都要向父母要钱。

澜姑姑说，这样的日子她实在过不下去了。她提出了离婚，上了几次法庭，才得到了孩子的抚养权。她说，她决不能把儿子留在那里，跟他没出息的父亲过一辈子。

说到这里，她的眼角润湿了，看得出，那是委屈，也是感慨。

离婚后，孩子托付给母亲照顾，她独自一人去了上海，每天要打两份工，白天给物流公司卸货，晚上去餐厅干钟点工。后来，她用三年来挣的钱跟朋友做起了物流，但最后因为经营不善被迫关门了。

澜姑姑说，那时所有的积蓄几乎都赔光了，她不敢回家——家人已经为她操了不少的心，她不想再有负罪感。

她说那天是 2 月 14 日，西方的情人节，街上到处可见成双成对的情侣，她就那样在别人的甜蜜里孤零零地望着霓虹灯。那时候是冬天，干燥而寒冷，凛冽的寒风像刀子一样割在人的脸上，钻心得疼。

澜姑姑说，那天她落魄极了，有人用异样的眼光看着她，以为她是没等来恋人，或者是失恋了。她也是个女人，也需要值得依靠的肩膀，可惜她没有。

3

后来，澜姑姑借了些钱重整旗鼓，在上海闵行区开了一家鲜花批发店。一开始的几个月里生意还不错，她为此扩大了门面。

又是一年情人节，恰好赶在春节期间，澜姑姑预计鲜花的销量会比较大，而且已经有零售商向她下单了，于是她便大胆地进了五千扎玫瑰。可就在元旦过后，气温突然下降，由于库管的疏忽，所有库存的玫瑰都冻烂了。

澜姑姑说，当她看到像烂白菜似的玫瑰，脑袋嗡的一响，瞬间就蒙了。不光损失了近十万元的本钱，更因无法向零售商发货而声誉大损，从那以后，她的鲜花店遭遇滑铁卢，最后又欠了一屁股债，迫不得已关门了。

说到这里，她有些义愤填膺，说上辈子自己又没做什么罪大恶极的坏事，难道是上帝看她不顺眼，居然不肯垂青于她。她皱着眉，眉心蹙起一道触目惊心的"伤口"。我能感觉到，往事正如猛兽一样疯狂地撕扯着她的心。

澜姑姑没脸回老家了，夜里，她蒙在被子里痛哭。到最后，她哭到喘不过气，感觉比被皮鞭蘸辣椒水抽过还疼。

"哭什么，大不了再来一次，我可从来不信命。"哭完，她信誓旦旦地说。

4

再后来，澜姑姑应聘了一家网络科技公司，白天做接待，下班后去培训班里学编程。她说，她不甘心就此平凡下去，现在的社会，只有知识才能撑起一个人的野心。

学编程的日子是最难熬的，不光消磨一个人的精力，还有意志。遇到解决不了的难题，她也曾不止一次地想过放弃。好在，她挺过来了。

她在网络公司里干了三四年，在培训班以及网络课上也学了两年。然后她申请了创业贷款，仅用了半年时间就自立门户，开了一家属于自己的网络公司。如今，她的分公司遍地开花。

一顿饭的时间，澜姑姑给我上了千金难买的一课。

常听人调侃："要是随随便便就能成功，勤奋和努力早就出家为僧了。"活着需要努力，想要活出个样，就更要拼了命地努力。

5

前不久，《我不是药神》在上海电影节千人点映场点映结束后，全场掌声雷动。这样有口皆碑的好电影上映才一天多，票房已破四亿元。

当别人都在思考"盗版药能救命可是违法，正版药吃不起就只能等死"时，我更关注的是电影背后的故事。

谭卓在影片中饰演了一位母亲，为了给女儿治病，选择了在夜场跳舞的工作。为了学会钢管舞，她足足练了一个月，双腿全是伤。

"前期特痛苦，因为我的形体条件非常差，每天都要练三个小时，完全是要靠肌肉摩擦在那个钢管上，自己就觉得太疼了，挺难受的。"说到这里，谭卓眼里满是泪水。

王传君在影片中饰演一个小市民，一个为了家庭和刚出生的孩子，始终在与病魔作斗争的形象。"拍吃包子戏的时候，是因为我得演一个病人对食物的一种渴求。全场戏拍完，我吃了 44 个包子，那天晚上还吃了 5 碗面，吐了 3 次。"当工作人员问他怎么样时，他摆摆手说没事。

搭档徐峥说："王传君可以为了这个角色去减肥，每天一开始跳绳跳 4000 个（次），后来增加到 8000 个（次）。"

导演文牧野也对王传君称赞有加："他自己把自己的形态突破得很好，他住在一个病房里，让自己两夜没有睡觉，所以第二天整个人是脱相的，是完全塌掉的。如果一个演员可以为一个角色这么付出的话，我相信他呈现出来的（形象）一定会让观众满意。"

老戏骨杨新鸣在影片中饰演了一名牧师，他想要引导更多的患者在病痛中获得信仰。为了演好这个角色，完全不会英语的他开始苦练英语，学习有关牧师的种种姿势。

而章宇，是整部戏里受伤最多的演员，他骑着自行车从楼梯上摔倒，开车被大卡车撞翻，甚至与敌人打斗时多次闪腰和岔气，连他自己都说："太累了，实在是太累了……"

在这个坚毅如铁的团队里，拍摄中从没听过他们任何一个人喊苦，而永远都是三个字："我没事。"

大多人看到的只是他们闪闪发光的一面，却很少有人去关注他们在背后受了多少苦。

6

"我们永远都要崇拜那些闪闪发亮的人……他们用强大而无可抗拒的魅力和力量征服着世界。但是我们永远不知道，他们用了什么样的代价，去换来闪亮的人生。"郭敬明如是说。

不要妄想自己是个幸运儿，会遇到天上掉馅饼的好事。就算有，如果你整天躺在床上足不出户，它也不会砸在你的头上。

"狂随柳絮有时见，舞入梨花何处寻。江天春晚暖风细，相逐卖花人过桥。"北宋诗人谢逸在《吟蝴蝶》里这样赞美蝴蝶。人人都赞叹蝴蝶之美，却鲜有人去想它在破茧成蝶之前忍受过怎样的煎熬。

聪明的你，一定要记住，世上所有的成功都不是偶然的，每个闪闪发光的人背后都藏着不为人知的辛酸过去。

谁不是一路荆棘，披荆斩棘地走下去呢？坚持下去，意味着一切皆有可能。

7. 总在意别人的看法，日子还过不过了

1

我曾在一本书里读过两个"山寨"骑士的故事。

那年夏天，张小砚和阿亮从四川雅鲁藏布江出发，一路翻山越岭，几度命悬一线，最终挺进了让他们魂牵梦绕的西藏。

很多人问他们为什么要冒这样的险，他们的回答令人吃惊："或许那只是一时兴起。"

所有人猜不到，他们没头盔，没驾照，没攻略，更没什么户外生存经验，只是冥冥之中西藏那一片圣土像是在深情地呼唤着他们，让他们一刻都不想停留。

"人生很短，不要有回望时的残酷，你有什么理由去拒绝自己梦想改变的东西，梦想改变的世界？"聊到激动处，张小砚转身拍了一下身后的宗申175摩托车，大声地说，"哥们儿，激情旅行开始了，你会发现生活是个奇迹！"

阿亮听后，瞬间又是热血沸腾。就这样，他们上路了。

去西藏并不是一件容易的事情，这一路上有烂路、有

悬崖、有毒草、有恶狗、有蚂蟥。很早之前，他们就曾看到过诸如某入藏者意外失踪，某背包客有去无回的新闻，其中的危险远比我们想象中的要多。可这并未动摇他们入藏的决心，只要在路上，就没有到不了的远方。

只不过，当他们推着车抵达拉萨时，已经弹尽粮绝。打算返程时，鉴于囊空如洗，于是他们商量让阿亮先回，张小砚留下来。

没有路资，张小砚就在拉萨大昭寺的门口募捐："诸位路过的女士和先生，走过不要错过，小女子借贵方宝地说书了。诸位有钱捧个钱场，资助俺回家的买路钱，没有呢，也没关系，给俺捧个人场。"

张小砚的风趣幽默引来了不少人的围观，不一会儿，她就筹集了一百多元。

但只靠这些钱肯定不够回家的费用，于是张小砚又想到了搭顺风车等方式。

回到成都时，张小砚的口袋里只剩下 31 元了。庆幸的是，整个旅行往返的过程中，她是亲历者、见证者，也是最有资格的发言者。于是，她决定把这次惊心动魄的旅行写下来，在天涯论坛上更新。她没想到会有那么多人喜欢她的见闻，她的文章点击率一直高居前列。

有人谩骂，就有人称赞；有人诋毁，就有人喜欢。张小砚也深谙其中的道理，纵然千万人阻挡，也不要轻易投

别让你的努力配不上你的野心

降。后来，有家广州的出版社向她伸出了橄榄枝，说只要她坚持写下去也可以出书，让她梦想成真。

第二年，张小砚的游记《走吧，张小砚》在北京大学首发，书中的驰骋、艰险和曙光唤醒了读者对自由、美好和梦想的向往。

那是属于张小砚的回报，也是属于她的骄傲。

2

很少有人知道，当他们骑着摩托车游拉萨时，有人嘲笑他们的摩托是毫无特色的"民工摩托"。在他们问当地人有哪些景点好玩时，听到的却是嘲笑："你们两个人竟然一点功课都没做，到了一个地方连玩什么都不知道，太可笑了。"

与阿亮相比，张小砚更加洒脱："好笑吗？玩而已，需要做什么功课呢？你以为是考公务员吗？玩都玩得那么累，做人简直无趣。"

张小砚骨子里是一个彻彻底底的自由主义者，这一点，从她的生活里就可以看得出。比如，她不会在意别人对自己的评价，哪怕是恶语相向；她不会改变自己原有的穿衣风格，哪怕被别人贬得一文不值；她更不会为了讨好别人而故意去合群，哪怕大部分时间都是自己独处。

就像那次旅行，即使受到了太多来自四面八方的嘲讽和诋毁，但她入藏的决心依然坚定。

在一次采访中，她说："美好的风景总会在路上，如果你走出去了，那路上所有的问题都不是问题。好在问题不会一起来，是一点一点来的，一天一天来的，你总会有解决的办法。"

3

前不久，一个喜欢写作的朋友注册了公众号，因为在其他平台上人气还不错，公众号注册没几天，粉丝就破万了。

紧接着，广告主也慕名而来。要知道，公众号最大的盈利就在于接广告，只要粉丝基数大，且足够买账，运营公众号就会有一笔可观的收入。

谁不想让自己的公众号变现呢？毕竟运营需要不少的时间和精力。事实上，公众号变现的也只是小部分人，大部分人都只是赚吆喝，甚至搭工又搭钱。

朋友第一次接广告的时候，就有不怀好意的人在留言区调侃："原来你也打广告，真是想不到。"

朋友见到后，不但没生气，还把这条留言精选出来，反问道："我的天哪，你竟然也要吃饭？竟然也要养活自己？竟然也要上班？上班竟然还要老板的工资？"随回复

别让你的努力配不上你的野心

一起的，还有一个惊恐的表情。

我问朋友如此淡定的原因，朋友笑着说："每次发的广告下面，都会有一两个二货出来秀智商。千万不要受他们的影响，卑微的人都这样，见不得别人比自己好。我们要做的其实挺简单，无视就够了，不要跟他们对骂，因为一个弱者最大的快乐就是激怒比自己优秀的人。"

我们写文章是给喜欢的人看，打广告也只是给有需求的人看，不是目标群体，当然想法不一，诉求也不一。

4

在一次网络投票中，谢娜获得了"最受欢迎的女艺人"荣誉称号。

对于这个称号，有网友是这样评价的："不管是在平时，还是在工作，娜姐都很少伤感。娜姐的出现，是瞬间暖场的保障，是把快乐发挥到极致的开心果，是一轮名副其实的、蒸发所有失意和伤感的太阳。"

在《快乐大本营》多年的主持生涯中，谢娜也总结出了自己的生存哲学："如果你在乎别人怎么说，你做事就会缩手缩脚，你不会由自己的心去做好。我刚到《快乐大本营》时大家不认可，如果别人说我就不去了的话，就不会有我第二次、第三次去，也不会像现在这样越做越好。"

要记住，别人的看法是别人的，自己的人生才是自己的。于你而言，遵循内心才是最理性的决定，因为，除了你自己，别人的看法其实都不重要。

8. 我想和这个功利的世界谈谈

1

咪蒙说过的一句话曾让我很受用，她说："想清楚，自己要什么和不要什么，不要的，不管别人拥有多少、多么高调，关我屁事儿。"这句话虽然有些粗糙，却合情合理。

没有目的的追求就像丧失了灵魂的躯体，又有什么意义呢？

我是无意中看到苏可屏幕上的消息。

那天我路过苏可的格子间，碰巧她去前台发快递，她的手机落在桌子上，屏幕上的信息提示赫然显示着"实习生交流群"的字样。

实习生建群，方便沟通，本来无可厚非，怪就怪在原本有八个实习生，苏可的"实习生交流群"只显示了六个人。这就有些蹊跷了，八个实习生来自天南海北，各不熟悉，为什么只有六个人入群，其他两人被排除在外呢？

关于实习生群，为了一探究竟，我借公司要给实习生发文件的机会，趁午休的时候把所有实习生都问了个遍。当我从寒梅和文轩那里得到的反馈是"没有"时，我似乎已经搞懂了"八少二"的原委。

寒梅和文轩虽然平日里不说话，但他们工作起来非常认真，两人的表现皆可圈可点。也正因如此，他们让其他实习生有了一种威胁感，毕竟到了最后公司会择优录用。

为了排挤这两名竞争者，在苏可的带动下，几个心怀鬼胎的人结成联盟，表面上和和气气，背后却说尽两人的坏话。

有一次，公司下派一个任务，要求为某家酒厂策划一个宣传方案。本是八个人协调完成的工作，其他六人却把工作推给了寒梅和文轩——等到寒梅和文轩熬了好几夜把文案递交上去的时候，他们却为自己揽功，把寒梅和文轩排除在外了。

不仅如此，他们还阿谀奉承，背后吹冷风，捏造寒梅和文轩不懂团队协作、一意孤行的言论。

这样过了两个月左右，因为寒梅和文轩一心工作，少于交际，而苏可等其他六人跟领导走得比较近，他们都被公司留了下来。

那晚，已经转正的苏可请大家吃饭，她给所有在座的人一一敬酒，当着所有同事的面对领导的工作大加称赞。这样既给足了领导面子，又给自己下一次的晋升提前做好了准备。

散席的时候，有个老员工对我说，你干吗不学学人家，这么左右逢源的一个人，到哪里都不怕没饭吃。

我听后没做反驳，因为我知道，这个功利的世界早已不是我所设想的那般纯净了，大家都想获得捷径抢占先机，价值观无法苟合，评判再多都没意义。说白了，我真的不想成为那样功利的人。

我们总要活出一个自己真正喜欢的模样——我们无法完全变成别人口中的自己，也不可能丝毫不差地踩着别人的脚印前行。

别人功利自然有他的原因，但那并不代表我就一定要效仿。那些失去意义的、有悖道德的、自己无法苟同的事情，哪怕是一秒钟，我都不想浪费。

究竟要怎样规划自己的人生，是随波逐流，还是坚持自我呢？答案因人而异。

唯一可以确定的是，这个世界尽管充斥着功利，但至少不会辜负每一个努力的人。

2

我至今还记得两年前书店开业时袁欣的喜悦。

那是一种发自内心的勇气，不管家人如何阻拦，不管朋友如何看轻，袁欣都要把自己喜欢的事情坚持到底。正如她常说的一句话：所有事情坚持到最后都会变好，如果没变好，那是因为还没坚持到最后。

受网购的冲击，实体店逐渐面临困境，书店更是如此。大多数书店都会陷入这样一个困境：一开始是逛的人多，买的却很少；渐渐地，连逛的人都少了，更别提有多少人来买了。

这时，又有人来嘲讽："早说了不要开书店，网上的书都不好卖，现在谁还到书店去买书？""既不赚钱，又耽误时间，还不如趁早关门。""没啥经验就敢开书店，不吃点亏就不会长记性。"

在一片质疑声中，袁欣还是决定放手一搏。她的心里总有一个声音在呼喊：如果做成了，自然皆大欢喜；就算做不成，也不过是回到原点，又没什么损失。

袁欣和我一样，对世事总有一种情怀，不喜欢这个功利的社会。因为世俗的功利，我们一次次品尝到了寥无知己的孤独，也感受到了人群散尽的落寞。但我们依然相信，这世界的通行证并不是功利，而是努力。

是努力让我们足够坚强，不会轻易被嘲讽所羁绊；是努力让我们的内心更加强大，不再畏怯功利的眼光，再苦再累也会把腰杆挺直。

事实上，袁欣的书店并没有别人想象中的那么不堪一击。因为袁欣与学校、培训机构的多方面合作，以及优秀的服务、琳琅满目的书目，让这个原本并不被人看好的书店从一路坎坷中挣扎了过来。

如今，袁欣白天打理书店，晚上还要读书写作，日子过得充实而富足。

对于未来，她的憧憬溢于言表。她说，现在的婚姻生活很幸福，丈夫爱她，女儿可爱，这不仅仅在于自己足够努力，更在于内心世界足够丰盈。

虽然这个世界很功利，但总会有机会降临，等你去发现，等你去改变，就是这个道理。

3

朋友圈里有这样一种言论：好看的人、聪明的人、或者是智慧与美貌并存的人实在太多了，你这么平凡的人在这样的大环境中稍有不慎就会被淘汰出局，似乎一切都与你格格不入，一切对你来说都那么难得到。

是的，这个偌大的城市很难容下你。

我们总是在为自己的犹豫和畏怯寻找借口，其实这是一种本能。但毋庸置疑，本能之外一定会有绝处逢生的机会。所以，一旦机会来了，就不要轻易放弃。

其实，如果你不努力，是否在大城市都无关紧要。自己不够强大，就不要抱怨世界多么不公、多么残酷。要知道，正是因为世界的残酷，日子才会变得更好。毕竟，一个人越努力，这个世界才会越公平。

4

这个世界的功利在于，每个人都在前进，只要停下来，你就面临着落伍和被淘汰的命运。这个世界也同样温情，只要你拼尽全力去奔跑，全世界都会为你逢山开路、遇水搭桥。

在一个弱肉强食的环境里，如果不成长与进步，你早晚会成为食物链的最底端。就像咪蒙说的："当你不够强大的时候，你想要一个小小的机会都没有。当你足够牛的时候，你的面前有一万个机会，你挡都挡不住。当你足够优秀的时候，你想要的一切都会主动来找你。"

你看，功利多好，它既否认每一个人的投机取巧与无所事事，也承认每一个人的成长与进步。

你的朋友中可能会有势利之人，你过得怎么样，或许就写在别人的脸上。可那又有什么关系呢，毕竟功利的背后承载着我们永不坠落的梦想和勇气。

PART3：

用最好的姿势，拥抱全世界

要想成为公主，你得相信自己就是一个公主。你应该像你所想象中的公主那般为人处世，高瞻远瞩，从容不迫，笑对人生。

——《公主日记》

1. 一个人的时候，是活得最漂亮的时候

1

前段时间，若颜找到了我。好久没见，她还是原来的样子，留着高高的马尾辫，穿着碎花的衬衫裙。

都说眼睛是心灵的窗户，还没等若颜说话，我就从她的眼神里看到了些许忧郁。

我也是从别人那里听说，若颜正在跟一个新同事谈恋爱。对方是180厘米的大高个，既绅士又健谈，再加上是老乡，若颜很快就吐露了芳心。她觉得，这是上天派给自己的礼物，与他相遇是命中注定的。

于是，若颜对男生展开了铺天盖地的追势。

工作的时候，她总是找机会靠近男生，还经常为他订餐、倒水。下班后，她会等男生一起下班；男生加班，她就陪着他一起加班。不加班的时候，她几乎把所有时间都用在了打电话、聊微信，睡前还不忘给男生留言。

男生忙的时候，她就傻傻地等回复，看到他上线，就是一通爱的表达。

有人说，女追男并非隔层纱，而是隔了三个太平洋。
这一点，我深表赞同。

女生大多是感性生物，如果有一个男生想尽办法去讨
好她，天天宝贝宝贝地喊着，百依百顺地宠着，大大小小
的惊喜不断，女生基本上抵抗不了。而男生大多有一个自
己喜欢的标准，如果遇到的不是自己心仪的那个她，即使
对方做再多也无济于事。

我问若颜："是不是感情受挫了？"

她猛地抬头，眼中含泪地望着我："嗯……我到今天
才发现，我和那个男生之间真的不合适，我那么付出，却
换不来一个拥抱。"

对于这样的情感问题，我习惯用一句话来形容："糖
吃多了，也总有腻的一天。"

她摇摇头，表示不懂。

我解释道："不是说爱情不需要真心付出，而是要学
会在爱情里保持独立。换句话说，即使他不在你身边，好
几天也联系不上，你也要有自己的空间，发展自己的兴趣，
去做自己喜欢做的事情，不为任何人所羁绊。"

她怔怔地听着，眼神里有了一丝光亮。

爱上一个人，如果获得了成长，那就是锦上添花。

爱上一个人，要是失去了自我，那肯定会得不偿失，
还不如没有开始。

2

涂磊在《爱情保卫战》节目中说过:"好的感情一定是有弹性的,分得开却打不散。真正的距离不是物理上的距离,真正的距离在心里,这种距离叫寂寞。我所指的寂寞不是指身边有人或没人,而是你是否真正地能够在平静当中自己跟自己对话,学会自己做自己的朋友。"

即使是两个人,也不要放弃独处的权利。

后来,若颜重新调整了生活状态,跟几个姐妹一起报了瑜伽班。闲适在家,就和拆书帮的朋友一起拆书,写书评和影评。到了周末,她还会去参加读书会,每每如获新生。

一个人的时候,才是活得最漂亮的时候。充实自己就是种花引蝶,给花儿施上最丰富的肥料,最终花儿绽放,蝴蝶自来。

3

要说独处,在所有同事当中,我最佩服的是娜姐。

娜姐是两个孩子的母亲,除了工作,我很少见她参加朋友聚会、K 歌等社交活动。她一直喜欢独来独往,喜欢一个人的好时光。

这种感觉，就像是孩子收集千纸鹤一样，小心翼翼地用玻璃罐保存起来，一有空就拿出来静静地看，一个人静享时光的美好。

她最常说的一句话就是："丰富自己，胜过取悦别人。"不亏待自己，也不讨好任何人，是她恪守的准则。

我时常和朋友在咖啡厅里遇到娜姐，与众不同的是，她总是一个人坐在窗前的秋千上，天气晴朗时，看着阳光透过楼房树叶洒下的阴影；天降暴雨时，看着雨滴砸在玻璃上顺流而下的情景。

有一个下雨天，我也坐在窗前看着外面。这时，有人跑向商店里，有人跑向屋檐下，来往的人们溅起一朵朵水花。我从未发现，一个人的时候也可以变得这般惬意。

在家的时候，娜姐除了和婆婆、老公一起照顾孩子，其他时间都花在了自己喜欢的事情上：听音乐、看电影、学烹饪、弹琴。

她的手机里从不装各种闲置不用的软件，微信里也不加各种群——不会像我们，一打开手机，各种信息满天飞。

我只去过她家一次，但至今难忘。她把家里打扫得一尘不染，归纳得井井有条。阳台上的花儿散发着清香，花架和酒柜上的工艺品也很精致。

家的精致反映了一个人对生活的追求，这样亲手打造的惬意生活，即使是一个人，又怎会感到孤独呢？娜姐说：
"一个人的时候，我们更能听从内心的渴望，清楚地认识自己，明白自己要去哪里。"

是娜姐告诉我，一个人的时候，也可以活出真我，活成自己想要的模样。

4

刘若英在《我敢在你怀里孤独》中写道："人的一生，不是在争取自己的空间，就是在适应别人的空间。独处是将自己无限放大，相处则是尽可能地缩小，去适应别人空出来的位置。"

对于独处和相处，这是我听过的最好的诠释。

这是刘若英写给自己，也是写给无数个在独处和相处中迷茫的年轻人的一本书。正如书的封面宣传语所写的一样："世界这么大，你我这么小，我们该如何自处和相处？"

当刘若英被主持人问到为什么书名有"怀里"和"孤独"这样矛盾的字眼时，她的回答十分简短却又引人深思："人跟人的相处之间，可以像磁铁一样互相吸引，也可以像黏土一样各自独立。"

面对某个孤独指数的测试，刘若英坦言，自己可以忍受到十级，一个人做完所有的事情。即使是一个人逛超市、去快餐店、去咖啡厅、看电影、吃火锅、去 KTV、看海、坐过山车、搬家，甚至是一个人做手术，她也从未感到过孤独。

虽然刘若英已经年过不惑，但她依旧对"孤独"一词情有独钟："我觉得孤独对别人而言，它可能是一个很可怜的字，或者是你一个人去做什么。可是我后来慢慢发现，很多人其实很享受一个人的时光，只是不好意思去拒绝别人。"

在她看来，一个人的时候，正是活得最漂亮的时候，诚如一句歌词所表达的意义："孤单是一个人的狂欢，狂欢是一群人的孤单。"

就像《肖申克的救赎》里，主角安迪被关禁闭三个月后，老友问他："你是怎么忍受住孤独的？"安迪的回答是："有莫扎特陪我。"

如果你也跟我一样，还在因为一个人而伤感，请相信我，大可不必。你要相信，丰盈内心，充实自己，你才能过上自己想要的生活。

2. 不向身边的人传递负面情绪也是一种修养

1

我向来最讨厌两种人：一种是控制欲爆棚的人，把自己的思想强加给别人，强迫别人按照自己的意愿去做事，这样的人我都会敬而远之。另一种是像祥林嫂一样到处抱怨，一身负面情绪的人。

上个月，我报了一家去洛阳旅游的旅行社，因为我是一个人，所以安排同行的也是一个单身姑娘。

那姑娘20岁出头的样子，长得清秀可人，化着淡淡的桃花妆。

路途无聊，我和姑娘聊了起来。姑娘说，她在一家贸易公司上班，这次也是一个人出来旅游。

聊到工作，她似乎压抑了很久，有太多的话想说。她对我说，公司里有一个同事，是她的大学同学兼合租室友，自从合租之后，对方就像祥林嫂似的抱怨个不停。

这个"祥林嫂"神经极度敏感，一旦触犯了她的利益，或者言语中无意指向了她，她就会情绪失控，甚至暴跳如雷。不仅如此，她还时常传递各种负面情绪，比如跟无理取闹的客户争吵，指责不合理的规章制度，抱怨永远完不成的业绩考核、啥事都不管的老板等。

姑娘本是个斯文人，喜欢下班后看书、写字、学习花艺，可只要室友一回来，她的好心情就会消失殆尽，根本没心思再去做这些事了。

负面情绪就是一颗炸弹，扔炸弹的人不免受伤，周围的人也难免受害。

听完姑娘的述说，我劝慰她，远离那些负能量爆棚的人，是当下最正确的决定。那些负面情绪虽然不是发生在你身上，也不是因你而起，但不断被传染之后，就会徒增你的烦恼。

那次旅行，我和姑娘一起去了壮观的龙门石窟，游了峡秀谷幽的龙潭湖大峡谷。

后来听姑娘说，因为她的业务水平很是不错，被一家更大的贸易公司挖走了，她也早早地搬出了原来的合租房，跟沉郁的过去就此决别。

2

这世间，谁都有自己的不容易，谁都有自己的糟心事。没人愿意也没人有义务接收你的负能量，所以，别到处说你有多苦，处境有多艰难。

我有一个要好的同事张迪，刚来公司的时候还不过是个职场小白，除了简单的电脑操作之外，其他的技能如 PS 操作都要其他同事来指导。

但张迪不卑不亢，不懂就问，就是凭着一股学不会不罢休的韧劲，两个多月后他就可以独当一面了。这两个多月里，她受到了来自同事的冷眼和嘲笑，来自上级的质疑与否定，但始终咬牙忍耐着，一句抱怨的话都没有。

因为张迪知道，在自己没学成之前，所有负面情绪都是毫无意义的，一味地抱怨与宣泄，只会阻隔成功的降临，断送自己的职场生涯。

我见她整天眉开眼笑，即使没什么特别开心的事情也微笑着，就问她："为什么你每天都是乐呵呵的，从来都没见你发过牢骚、抱怨过谁？"

她回答道："情绪是可以传染的，谁也不愿意看到身边的人整天都带着负能量，与其费尽心思去改变别人，不如先让自己快乐起来，去感染更多的人。"

张迪的话让我更加坚信，情绪的管理看似无形，却是一门学问。

如果说负面情绪是桶中之水，当水满将溢时，最好的办法不是去加高木板，而是把原来的负面情绪通通倒掉，重新装进快乐与鲜活。

3

有这样一个著名的心理效应——"踢猫效应"：

一名男子在公司受到老板的批评，回家后就把情绪发泄到了妻子身上。妻子的情绪受到了影响，就把孩子臭骂了一顿。孩子心里窝火，狠狠地去踢在他身边打滚的猫。猫逃开了，孩子就追打着猫跑到街上，正好一辆卡车开过来，司机避让不及，把孩子撞伤了。直到孩子被送进医院，男子才后悔莫及。

"踢猫效应"就是一个负面情绪的案例。人的不满情绪和糟糕心情，一般会随着社会关系链条依次传递，由地位高的传向地位低的，由强者传向弱者，最弱小的人便成了最终的牺牲品。

作家亦舒说，一个人真正成熟的标志，就是发觉可以责怪的人越来越少。理由很简单，人人都有自己的难处，而你不一定懂他们的生活。

我们必须承认，处处抱怨、消沉颓靡的状态会在无形中给予人的生活以破坏。

4

　　小令君也曾在《拼了命，尽了兴》中呼吁："把你捆得牢牢的负能量小星球扔掉吧，远离让人讨厌的负能量，散发着闪闪发光的正能量。"

　　越长大，我们就越要明白，情绪是需要控制的，一个善于控制情绪的人，才是真正成熟的人。

　　总有一天我们会明白，不向身边的人传递负面情绪也是一种修养。

　　那些负面情绪如同泥泞，深陷其中的人，若能自省就有机会爬出来；若是毫不抵抗，任由泥泞陷足，那就永远得不到命运的垂青。

　　积极乐观的人，身边的人也会如浴春风。负能量爆棚的人，自然会让周围的人避而远之。

　　负面情绪真的有毒，远离那些负面情绪爆棚的人方为上策。毕竟，善待自己也是善待他人。

别让你的努力配不上你的野心

3. 自律的人生，到底有多爽？

1

知乎上有一个热门话题：你最深刻的错误认识是什么？

点赞最高的答案是：以为自由是想做什么就做什么，后来才发现自律者才会有自由。

在没有真正了解自律前，人们大多会把它视为一种束缚，而真正的自律换来的却是更多的自由。

今年年初，欣然告诉我，她报了某位写作大咖的培训课，培训内容大概可以总结成一句话，那就是如何像那位大咖般做自由职业，并且实现名利双收。

欣然是我的大学同学，她相貌平平，成绩平平，属于放在人群里就会被淹没的那种人。一次，同学小聚，大家不约而同地问起她的近况，她面露苦涩，半晌才吐出一句话："一言难尽。"

后来我从欣然的闺密那里听说，毕业后她一直在换工作，频率比6月的天气变化还要快。其实，我知道她向来是个耐不住性子的人，总想找到更好的工作，却不愿意踏踏实实从底层做起。

也许你试过，在网上搜索"赚钱"两个字，立马就会跳出"赚钱的门路""赚钱最快的方法"等无中生有的噱头。世上哪有那么多唾手可得的黄金，哪有那么多一劳永逸的成就，更多的是日积月累的坚持，以及勤勤恳恳的奋斗。

一听说不用上班就可以拿到高薪就趋之若鹜，一看到别人光鲜闪亮就以为自己也可以一步登天，这说明你还不成熟。那些通过自由职业实现财务自由的人，哪个不是在背后付出了巨大的努力？

可是，欣然不这么想。

"我多么想未来有一天不用上下班打卡，不用开各种无聊的会议，不用参加各种插科打诨的聚会，还可以想睡多久就睡多久，完全自由调配时间。"欣然说。最后，她还是没有听众人苦口婆心的劝，辞去了工作，成了一名自由职业者。

人们常说，如鱼饮水，冷暖自知。

在做"自由职业"的那段日子里，欣然的内心无比煎熬。因为没有写作基础，即使投稿渠道摆在面前，她也无从下手；因为不甘寂寞，她把过多的时间用在了聊天软件上；一个新媒体作者要时刻盯着社会动态，习惯半夜起来追热点，这也把她难倒了——一百个闹钟都叫不醒她。

时间一久，欣然不但没有实现财务自由，反而变得一身戾气。为了偷懒，她一再逃避，还麻痹自己说，反正是给自己打工，大不了不挣这个钱了。

那些大咖为什么可以成为别人的榜样？

在所有因素当中，自律居功至伟。他们可以自觉地制订出一年、一月、一星期以及一天的安排，可以放弃聚会、旅行等活动，费尽心思地想选题，把半夜3点起来追热点当成家常便饭，甚至为了写一篇电视剧的营销软文，可以带着红肿的眼睛熬夜看完四十集。

自由从何而来，从自信来，而自信从自律来。一个人，要先学会克制自己，战胜惰性，才能在自律中不断磨炼出自信来。

不加约束的自由不是自由，真正的自由只属于那些严于律己的佼佼者。

2

最近，朋友圈流行这样一句话："泡夜店、文身、混沌、买醉这些事情看似很酷，其实一点难度都没有，只是你愿意去做就能做到。更酷的事应该是那些不容易做到的，比如读书、健身、赚钱、用心爱一个人，这些在常人看来无趣且难以坚持的事情。"

就像我专职写作的初期，没有过多回报，也没有几人认可，只是因为热爱，到最后所有的委屈和痛苦都会变得意义非凡。如果说回报和认可是遥不可及的彼岸，那么，自律就是带来希望并且顺利抵达的船帆。

富兰克林说："我从未见过一个早起、勤奋、谨慎、诚实的人抱怨命运不好。良好的品格，优良的习惯，坚强的意志，是不会被假设所谓的命运击败的。"

也许，在很多人看来，写作并不是一件很享受的事情，你会感到孤单、枯燥，甚至会给你带来巨大的痛苦。可是，人们之所以愿意乐此不疲地投入大量时间和精力在这件事上，正是因为他们认定了这件事的意义。

自媒体时代的写作大咖，为什么能够好评如潮，阅读量高得惊人呢？

那些能用英文写新闻稿，随时随地展示出超一流口语的人，为什么能够引人艳羡，圈粉无数呢？

答案可以有很多，也可以很少，用最简短的一句话来概括，就是自律改变了一切。

康德说："所谓自由，不是随心所欲，而是自我主宰。"这种"主宰"是对一切都拥有自主决定权。所以，换句话说，自律不是束缚，它换来的是更多的自由。当你开始秉持自律的态度去对待生活时，你就已经成了生活的主人。

我始终坚信，优秀的人之所以优秀，是因为能坚持严

于律己。而那些回报和认可，往往是一个人长期以来严于

律己的结果。

一旦养成了自律的习惯，那么，每个人都将会是人生的主宰者。这是真理，永远都不会改变。

3

有一个朋友问我："早上一般都看不到乞丐，你知道为什么吗？"

我苦思冥想，实在想不出答案。

朋友语出惊人："如果能坚持早起，不那么懒的话，也不至于出来讨饭啊。"

我听后，不由得叹服。

实际上，很多人的不幸都是因为不够自律引发的。没有方向，没有积极性的人，就像《谁动了我的奶酪》里的小矮人"哼哼"一样，永远不思进取，待在原地，还一味地幻想奶酪会从天而降，到最后只会坐吃山空。

我还看过这样一条新闻：某所著名小学招新生的时候要面试家长，主要看家长的身材，肥胖的一律不要。

新闻一出，网友们瞬间炸开了锅。抛开质疑的声音不说，就赞同的声音来看，这样的做法不无道理：

"家长连自己都没管好，你相信他们会管好孩子吗？

自己都没信心去坚持一件事，你还会指望他们鼓励孩子去坚持吗？"

4

坚持自律的人，身边的人也会受影响。而自律，正是通往成功的不二法门。

最近，我跟几个朋友一起重温了《翻滚吧！阿信》。电影里吸引大家的，除了主人公彭于晏的颜值，还有他的自律。

为了接拍这部电影，彭于晏苦练了 8 个月的体操，每天几乎进行十多个小时。为了保持身材，他只吃不加任何调料的水煮餐，正是凭借这样的自律，他出演的这部电影入围了第 48 届台湾电影金马奖"最佳男主角"。

《欢乐颂》里的安迪，也是一个极度自律的女精英。

当 2202 的姑娘们刚刚醒来，或者哈欠连天的时候，安迪早已一身运动装带着耳机晨跑回来了。身材姣好到同性都想多看两眼，到哪里都自带光芒的她，不管工作有多忙，琐事有多少，每天都会抽出两小时来看书和学习。

看吧，自律真的会让人从内到外地获得一种高级而持续的成就感。

5

最近有不少人喜欢说"臣妾做不到"，一笑而过的背后，折射出的是一个人的惰性。

想一想，"臣妾做不到"真的是因为能力不足而难以成功吗？事实证明，多数人的"做不到"仅仅是因为没决心，不肯付诸努力罢了。

不愿意承认自己懒，还要归责于能力之上，可见这个人只能做臣妾，永远做不了武则天。

我曾看过这样一个学习帖：那些很早就懂得约束自己的人，都考上了重点高中。迟一点的，也上了好大学。更迟一点的，也找到了好工作。

其实，这个世界一直在包容着我们，让我们在一次次的迂回中不断地看到新的道路和希望。关键就在于，我们是否愿意下定决心，坚持自律。

有人曾问我："什么才是真正快乐和幸福的事？"

我的回答是："一切如愿渐好，成为更好的自己，就是真正快乐和幸福的事。同时别忘了，坚持自律，就是让你获得快乐和幸福的一个秘密。"

4. 一句"出名要趁早"，害了多少人

1

最近，TED 的一段演讲视频火遍了朋友圈，视频不到 4 分钟，却被誉为"今年最好的演讲"。视频开始，一位操着纯正英式英语的男校长站在讲台上，语重心长地对同学们说：

"再过两年，你们就会完成 A levels(英国高中教育体系) 的学业。再过三年，你们就会去到自己想去的国家，上自己想上的大学。再过五年，你们就会开启自己的职业生涯。你们在座的很多同学会进入世界顶尖公司工作，然后你们会结婚，买房。十年之后，你的人生就会安定下来。再过十五年，你就 30 岁了，你的人生轨迹就会定型。"

这段话看似有章可循，合情合理，实际上却无法代表所有人的人生轨迹。要知道，一个有追求、有理想的人，是不甘于踩着别人的脚印去过活的。

校长话音刚落，一名年轻的印度人举起手，接着发表了自己对"成功人生"的理解。他列举了大量成功案例来

印证校长所总结的"人生轨迹模板"并不一定会给所有人带来幸福，相反，那些没有刻意遵循这个模板的人更容易收获幸福。

年轻人在视频里说："25 岁后才拿到文凭，依然值得骄傲；30 岁没结婚，但过得快乐也是一种成功；35 岁之后成家也完全可以；40 岁买房也没什么丢脸的。每个人都有属于自己的时刻表，别让任何人打乱你人生的节奏。"

年轻人还举了很多案例：

"库班 25 岁的时候还在酒吧做酒保。在被拒 12 次之后，J.K. 罗琳到 32 岁才出版了《哈利·波特》。奥尔特加到 39 岁才创办了 ZARA。马云 35 岁才建立了阿里巴巴。摩根·弗里曼（美国著名演员兼导演）到 52 岁才迎来他演艺事业的大爆发。史蒂夫·卡瑞尔（美国喜剧演员）40 岁才红。理查德·布兰森（英国著名企业家）25 岁后才拿到文凭，34 岁才创办维珍航空，依然值得骄傲。"

原来，人生本没什么模板，只要你愿意，随时都可以开启自由模式。

这名年轻人的一句话特别打动了我："你身边有些朋友也许遥遥领先于你，有些朋友也许落后于你，但凡事都有它自己的节奏。他们有他们的节奏，你有你自己的。所以，请多一些耐心。"

其实，我们都是朋友圈里的感性生物。看到同龄人比自己光鲜，我们就会浮躁、焦虑；看到同龄人过上望尘莫及的生活，我们也难免扪心自问：为什么别人有的我没有？我到底哪里比别人差？为什么别人成功了，我却一直苟延残喘，迟迟找不到突破口？

一切都因时间而起，也因时间而终。因时间而起，是因为相同的时间里可以有所比较；因时间而终，是因为每个人处在高峰、低谷的时间各有不同。

请你相信，只要自己不放弃努力，你想要的岁月都会给你。

2

张爱玲说："出名要趁早，来得太晚的话，快乐也不那么痛快。"我想说，比成名更重要的，是一个人对自我的认知。

20 岁出头的年纪，可以在一次次的试错中踉踉跄跄，可以在一段段坎坷中跌跌撞撞，但绝不可以以"还年轻""日子还长"等为借口拒绝成长。

大学老师的一句话让我很受用："你来自哪里，现在在哪里都不重要，重要的是，你将要去哪里。"

我们无法拿着别人的地图去走自己的路，也无权用"人生轨迹模板"来规定别人究竟要怎么去规划人生。最愚蠢的人，莫过于生在一个可以自由选择的时代，却还想让别人指导你怎么去生活。

当年，李健因为与其他两人的音乐理念有差异，主动退出了"水木年华"组合。第二年9月，李健的第一张个人专辑《似水流年》出版。

与大多数创作歌手一样，李健在专辑中包揽了所有歌曲的作曲和编曲，为此费了不少心血。

可惜的是，《似水流年》销量惨淡。因为，那几年中国风、电子舞曲、R&B盛行，而李健清新、柔情的曲风则与时尚显得格格不入。

有一个朋友对李健说："你写的那些歌那么难唱，红不了的。现在彩铃那么火，你为啥不写点迎合市场的？以你的才华，写点小情小爱的歌，很容易就红了。"

李健依然坚持自我，不为所动。从此，他进入长达8年的沉寂期。在那8年里，他退出了人们的视线，他躲在北京的出租房里，白天练琴、看书，夜间熬夜写歌。

8年后，王菲以一首《传奇》重回歌坛，这首歌也因为王菲的演唱火遍了大江南北。也正因如此，作为《传奇》的创作人，李健圈粉无数。

不得不承认，有些人出名得晚，是因为他在走自己的路。

后来，在《开讲啦》的舞台上，李健提到了"成名"

的问题："张爱玲说成名要趁早，但我觉得成名应该晚一点，尤其是做这行的人，因为你一旦成名之后，你的时间会越来越少，属于你的真正的积累也会很少。"

成功或许会晚来，但绝不会缺席。相比于趁早，晚来一些或许会更好。

成功晚来一些，即使是面对那些所谓的权威、显赫的人，我们都不至于太害怕，因为他们也走过我们今天的路。

只要还在努力，就不怕抵达不了彼岸的那一天。当你一路跋涉，无怨无悔地付出之后就会发现，总有一些惊喜在远方等着你。

听，迟来的掌声将会经久不息。

3

在刚开始接触自媒体写作的时候，我总想着一步登天。

为了让第一本书早点出版，我甚至想过自费。如今看来，这是一件极其急功近利完全不计后果的事，可在当时看来，我的浮躁和急于求成早已吞噬了自己的理性。

看着别人的粉丝越来越多，再看看自己的粉丝寥寥无几，我曾一度陷入迷茫。直到有一天跟小欧聊天，我才茅塞顿开。

小欧是一名教师，平日里除了备课、授课，还有很多属于自己的空闲时间。抱着对文学创作的热爱，她渐渐养成了写作的习惯，甚至一天一更。

后来，她的人气越来越旺，还在几个平台上开了网课。有一次我问她，是否有出版社找她，或者有出书的计划。她说，半年前就有一家出版社找到她表达了约稿意向。

我问她答应了没有，她发了一个摊手的表情，示意没有。

这让我更加好奇了，于是又问她原因，她的回答让我铭记至今："我觉得自己还需要积累，不仅文字上需要积累，人气上也需要积累——不然的话，即使书上架了却卖得惨淡，出版社也随之大亏，我都说服不了自己。"

当时我看了看小欧的自媒体，发现她的人气比我高出好多倍。于是，我陷入了惭愧之中。

像小欧这样能够约稿出版，人气超高的写作大咖都愿意沉淀和积累，我又有什么资格冒着自费的风险去逞强，卖弄自己粗糙不堪的文笔呢？

4

尹沽城曾经说起过他的出书经历，提起自己的处女作《比生活更重要的，是生活方式》，心里满是阴影。

至于原因，尹沽城这样说道："我的处女作只是一部可耻的鸡汤、情感及肤浅的谈论写作的文集……一本鬼样子的书，有什么价值让读者重拾翻阅？没有。这是我的答案，也是读者的答案。"

写作，是一场苦修。对于一个写作者，如果能够对得起十年后的自己，比任何事情都有意义。这一路上，坚持和努力才是最重要的。不管明天是风是雨，我自努力前行。不管成功来得早与晚，我自有豁达的心境。

相信跬步千里，相信水到渠成，你一定要努力，但千万别着急。

5. 不好意思拒绝别人的人，大多上了别人的套路

1

某个深夜，奶油疯狂地在各个微信群里转发这样一句话：别不好意思拒绝别人，反正那些好意思为难你的人，也不是什么好人。

我和奶油的共同群并不多，却还是感受到了她的义愤填膺。

奶油是公司新来的同事，四川人，170厘米的高个子，

热情得像团火。

因为自己是新人，加上有表现欲，所以除了本职工作外，奶油把其他杂事都揽在了自己身上。尤记得，她入职的那天正值公司上午大扫除，她动作最大，步伐最快，不仅把玻璃擦得里外通亮，还把所有人的办公桌都擦了个一尘不染。

这样积极主动，自然引得我们纷纷赞扬。为了聊表谢意，我还递给她一根巧克力棒。

只不过，奶油这样积极主动，极容易让一些同事钻空子。因为不好意思拒绝别人，什么忙都帮，她渐渐陷入了吃力不讨好的怪圈。

同事需要复印文件，好言好语地请她帮忙，可是等她忙完，已经过了午饭时间，而那同事也没有给她带饭；同事需要去市场采购，满脸诚恳地请她帮忙，说有重要的事要去处理，可是等她折腾了好几个小时心力交瘁地回来后，发现同事正潇洒地喝着咖啡；同事上班迟到早退，想让她帮忙打卡、盯梢，她也不好意思拒绝，结果东窗事发，她和同事一起挨了罚。

为了更快地融入同事的圈子，奶油一次次答应了别人不愿意做的事情，承担了自己不该承担的责任——正是因为想要获得好人缘，她成了同事眼里的老好人，一次次地加班到深夜；正是因为害怕得罪别人，她敢怒而不敢言，一次次地把委屈憋在了心里。

就在这个深夜，我无意中看到了奶油义愤填膺的时刻："为什么好心帮助别人，最后受伤的总是我？为什么帮助别人的人累到中暑，请求帮助的人却躲在空调房里比谁都潇洒？"

也许，根源就出在"不好意思"上。

无条件的帮助，往往"坑"的是自己。要知道，那些找你帮忙，表现得比谁都随和，一口一个兄弟姐妹的人，并不是因为你不可或缺，只是因为你太好说话了，而且从不懂得拒绝。

那些找你帮忙，总喜欢给你戴高帽的人，等到结果没达到他的预期，你被领导嫌弃、被客户质疑的时候，或许他心里还会偷着乐。

所以，帮忙后你得到最多的只有"谢谢"二字，甚至连声"谢谢"都没有。

2

写过几篇爆文后，很多读者就从微信公众号上找到了我。说来也是奇葩，其中一个读者不由分说，要我抽空教他公众号排版，教他写作。

我婉拒了，但他还是不依不饶："对你来说这是举手之劳，就当是交个朋友，耽误不了你多少时间。"

我强忍住怒火，没有立刻反驳。这样的"朋友"，我找不到理由去交往，毕竟，耽误的都是我的时间。于是，我说："不好意思，我平时挺忙的。"

他听后原形毕露，丑陋的嘴脸现于文字："我都快劝你一个小时了，怎么这么点忙都帮不了？"

其实，我挺爱交朋友的，三个QQ号，两个微信号，人都快加满了。只要是志趣相投或者志同道合的人，聊到鸡叫天明都不觉疲惫。可对于这种还不熟悉就提无理要求的人，我的心里满是厌恶。

明明是请我帮忙，没想到我却成了罪人。公众号排版，是我通过一图一字日积月累才熟练起来的，写作上也是坚持了两三年才厚积薄发的。我一没偷，二没抢，自己辛辛苦苦打拼到的成果就一定要跟你分享？

对于有些人，拒绝才是最明智的事，而且拒绝得越直接越好——省得对方不死心，纠缠到底。

3

咪蒙的一篇文章曾刷爆朋友圈，其中的观点引起很多人的共鸣：我凭什么帮你？我自己都忙得晕头转向了，凭什么你只要一句话，我就要帮你？

人常说，别吃太饱，别爱太满，否则会亲手毁掉自己的生活。针对那些懒得去实践、去积累，只想不劳而获的人，这句话也同样适用。

贪念是个无底洞，一旦打破个缺口，有再多的欲望都会深陷其中。

所以，与其造成无法挽回的结局，不如当机立断，捍卫自己那份自由和权利。

对于那些令人厌恶的人，我们都要学会拒绝。这样既不耽误别人，也不耽误自己。

4

李维文在《对自己狠一点，离成功近一点》中说：

"在职场，学会适时拒绝别人很重要，有时会左右你的处境。你懂得了拒绝，就能避开一些危险的陷阱，就能躲开其他猎人的枪口；你知道了如何应对别人的拒绝，就可以机智地在森林中为自己谋取一个安全的位置。"

很多时候，学会拒绝也是一种高情商的表现。虽然这只是举手之劳，可无形中占用的时间，消耗的精力，不也是机会成本吗？

我不帮你，自有我的选择，更何况，帮你是我的情分，不帮你是我的本分。正如咪蒙所说："'举手之劳'是我的谦辞，不是你用来道德绑架我的说辞。"

所以，为了自己，请勇敢说不。

6. 放下手机后，我变成了自己喜欢的模样

1

你说自己要读书学习，用知识充实自己，而你却在玩手机。

你说自己要周游世界，去发现旅途的美好，而你却在玩手机。

你说自己要爱你所爱，让另一半幸福快乐，而你还在玩手机。

如今，如果没有手机，很多人就像丢了魂似的恍惚、迷惘，像吸毒者般浑身难受。没人知道这样的生活会持续多久，是一年，还是一生。

我曾在网上看到这样一段视频：一个小女孩遇到了学习上的问题，跑到妈妈那里去询问，妈妈只顾自己玩手机，摆了摆手让她去找爸爸。小女孩有些沮丧，找到爸爸求助，结果爸爸也在玩手机，还时不时地笑出声来，完全把女儿

的感受抛在了脑后。

随着黑白胶卷的倒映，视频里再现了爸爸妈妈对小女孩的疼爱，陪女儿嬉戏玩耍，给女儿讲故事。想到今非昔比，小女孩哇的一声哭了。

视频的最后，几个大字令人警醒："大人们都是怎么了？"

这条视频虽然简短，却反映了一个极其普遍的问题：在手机无处不在的世界里，我们如何摆脱做手机控，让自己保持足够的理智和清醒呢？

一个家庭对孩子的影响是潜移默化的，家长对手机过度依赖，无形中会对孩子的自主性和积极性产生一定的冲击。试想，一个连自己都管理不好的人，还奢望言传身教，让孩子成为与你相反的人吗？

总在孩子面前玩手机，离一个失败的父母就不远了。不要可笑地认为一边看手机，一边坐在孩子边上就是陪伴孩子了；更不要认为看着屏幕，仅仅嘴上督促一下孩子，就是管孩子了。要知道，孩子需要陪伴，更需要榜样。

放下手机，多留一些时间给孩子，你的幸福感也会节节攀升。

2

一个老友打来电话："今天顺道来你这边办点事，晚上出来聚聚。"

想到近半年没见面了，于是我爽快地答应了。

时间到了，却不见他的踪影。

半小时后，他姗姗来迟。见到久违的老友，我有太多的话想说，刚想与他叙旧，他却拿起手机说："抱歉哈，我回条信息。"

无奈，好不容易搭上话，没聊几句，他的手机又嘟嘟嘟响了。这回连一句"抱歉"的话都没有了，只见他抓起手机，打开软件，发语音、发文字，一气呵成。

大概有 10 分钟，我在无聊的等待中度过。这样旁若无人，即使有再多想说的话也都咽了回去。换作是谁都不想陪这样的人吃饭，一刻都不想停留。

后来，聚餐草草地结束了。虽然我嘴上说有空再聚，心里却一直愤懑不平："下次再出来，我就是你孙子。"

如果有事，那就不要赴约，既然决定要来，又让对方陪你一起浪费时间，这是对一个人极大的不尊重。

3

很多朋友都有这样的"手机癌"，每天最常做的一个动作，就是从包里拿出手机，一阵秒回。不管是早晨起来，还是入睡之前，手机与自己的距离始终触手可及。甚至，手机比自己的影子还亲密。

我并不否认手机是获得便利、建立沟通的一种工具，可是，太多的信息就像垃圾，像碎片一样堆积，会把完整的生活变得支离破碎。

最让人细思极恐的是，那些无用的垃圾对你的生活并无益处，反而会极大地削弱你的独立思考能力。人若没有了思想内核，就如同行尸走肉，永远会被垃圾信息牵着鼻子走。

手机控还是控手机，失之毫厘，差之千里。

4

上大学的时候，高数老师曾向全班同学提问，有哪位同学可以放心地不带手机进班，并且不会觉得没带手机就会少了什么。结果没一个人举手。

我们总是太依赖手机，以至于一天 24 小时，凡有空闲时间几乎都献给了手机。

我曾看过这样一个故事：有一对恋人，女孩喜欢旅游，喜欢交友，可男友总以忙为自己开脱——实际上，他不过是个手机控。

有一次，男友和女孩一起去看电影，那是一部很搞笑的电影，女孩笑得很开心，但发现男友始终在低头玩手机，瞬间对他好感全无。

后来，又有一次，男友和女孩去河边散步，女孩故意把男友的手机藏了起来。当他发现自己的手机不见了的时候，心急如焚得像热锅上的蚂蚁，执意回去找手机，连女朋友都不顾了，丢下她在风中凌乱。

女孩忍无可忍，最终提出了分手。

一段感情的终止，不在于你有多少钱，也不在于你有多高的社会地位，只在于你对她有多少真心和疼爱。

放下手机，我们可以做的事情还有很多，读书、写作、健身、养花、唱歌、旅游、交友……哪一件事情都可以让生活元气满满，比起满大街地寻找 Wi-Fi 要好得多。

5

我非常认同王鹏程在《把每一天，当作梦想的练习》中写下的一段话：

"iPad控、手机控、游戏控、微博控都是在浪费生命，除非，你控的内容和未来想要的生活有关系。如果我们重复做同样的事情，就只能收获同样的结果。如果想要不同的结果，就必须改变我们的行为。"

想要变成自己喜欢的模样，就要放下手机，这也是废柴变超人的必经之路。

想要成就什么样的人生，就要坚持对的事情一直做，而不是用手机填补内心的空虚。毕竟，梦想永远只会在行动中实现，而不会在手机屏幕里实现。

7. 我有好友三千，却依然孤独得像条狗

1

前不久，我参加一个朋友的开业庆典，一个女孩给我的印象挺深。

那女孩20来岁，白色短袖配背带裤，一副清纯可爱的样子。出奇的是，聚会接近尾声的时候，她开始挨个搭讪，走完一桌又去另一桌，所有的客人都搭讪了个遍。

起初，我并不知道她搭讪的目的，也没料想到她会做

到一个不漏。

等到她来到我这一桌的时候，我才知道，原来她在添加好友，鉴于面子，一般客人都不好意思拒绝她。

面对这样的过度热情，我只想快速逃离。

一般来说，我的微信好友都是与我有直接关系的同事和朋友，那些不明所以的圈外人都被我"隔离"了。

我听过太多人的无奈，总是有各种陌生人加自己好友，一旦添加成功，对方往往像攻破一座城池般的兴奋，自己却掉进了事先埋好的陷阱——把对方删除，显得冷漠而薄情；不删除，毕竟不是圈内之人，又觉得格外的别扭。

女孩还是一个不落地来到了我跟前，请求添加我为好友。我在犹豫着，一个朋友就劝我说："加就加吧，不过是一个微信好友，没什么大不了的。"

看到我有意妥协，女孩一脸的欣喜。等她加上我后，一句话也没说就跑到其他人跟前去了。对此，我想很多人会跟我一样去做，可再怎么婉拒，都敌不过她的软磨硬泡和卖萌撒娇。

人常说，圈子不同，不必强融。可即使好友添加到三千，甚至是封顶，又能怎样呢？

这样没来由的点头之交，不过是多了一个华而不实的好友数量罢了。说白了，这就是一种无效社交。

2

在这个日益浮躁的社会里，有些人追求好友数量，不过是为了填补内心的空虚。因为没有存在感，所以目不转睛地盯着点赞数；因为怕被别人遗忘，所以一遍遍地请求评论和转发。

原以为有了三千好友，就可以多获几个赞，多被转发几篇文章，多收到一些节日祝福，最后才发现点赞、转发和发节日祝福的，几乎还是原来的几个好友。

看似是一个人的狂欢，实际上是一群人的视而不见。所以，即使你有好友三千，也不一定就有多广的人脉。我们都有各自的交际圈，没有共同语言，又何必互相打扰？

朋友胡月说，真正能够成为朋友的两个人，一定有着相近的资源和社会地位，如果没有，要想深交就很难。

我表示赞同。

人和人之间，正是有了相近的资源和社会地位，才会有更多的交集。而没有交集的两条平行线，是很难融到一块儿去的。试想，如果某人始终处于弱势，无休止地向别人"索取"，久而久之，他就会成为别人的累赘。

没人会替你走完剩下的人生，所以，提升自己要比我们想象中的更迫切。

3

看完电影《被嫌弃的松子的一生》，我突然想通了一个道理：凡事不要自贱，不要随随便便地把别人都当作自己的救命稻草。遇人不淑，落入陷阱，都是自己不够坚定的结果。很多时候，唯一能从始至终陪伴我们的只有自己。

还记得第一次见到黎姐时，我就有一种相见恨晚的感觉。我之所以有这种感觉，是因为我和她都喜欢某个作家的畅销书——我们只是在书柜前简短地聊了两句，就觉得一见如故，有太多可以讨论的话题。

或许真正的人脉不需要刻意地追求，一见如故就已足够。就拿黎姐来说，她喜欢看书，周末还去参加读书会，通讯录里自然就有了读书交流的好友。

她喜欢健身，一周去三次健身房，进行一次徒步，通信录里自然就多了坚持健身的好友。

她喜欢旅游，三四个月就去国内外的景点度一次假，通信录里自然就加了一些比她还喜欢旅游的驴友，互相交流旅游体验。

她也常常发朋友圈，却很少被别人屏蔽，反而评论数和点赞量挺高。她自然不会在意这些虚无的假象，更喜欢充实而忙碌的自己。

你加了对方好友，并不代表对方有信必回，有求必应。因为，真正的好友是建立在共同兴趣或者志同道合之上的。所以，要那么多好友干吗呢？

与其委曲求全地向别人要微信，不如多花点时间提升自己，让自己有更多发展的可能性。要不然，你就只有吐槽自己的份了："看哪，我有好友三千，却依然孤独得像条狗。"

PART4：

未来的对手，给我好好接招

有一天，蓦然回首，你会发现，那个
给你许多痛苦的人，却也是你的救赎。

——《借东西的小人阿莉埃蒂》

1. 这世上最大的谎言是你不行

1

大三那年，我第一次做家教，对方是一名初二的男生，叫楠楠。

因为年龄相差不大，都喜欢看名著，我和楠楠相处得十分愉快。论学习，楠楠绝对主动，每到周末下午，他都会规规矩矩地坐着等我，把该用到的课本和试卷提前放在桌前。

唯一美中不足的是，楠楠个子不高，165厘米的样子，甚至比班里的一些女生还要矮。在这个功利的世界里，身高缺陷自然会成为某些人的谈资，更何况是一个正值青春期的男生。

大学里在举办篮球比赛，经楠楠妈妈的同意，我带他出来逛了逛大学校园。路过篮球场时，我问他："你玩篮球吗？"

楠楠点了点头，又摇了摇头，似乎在有意躲避什么。我从他的眼神里看到了一种怅然若失的感觉。

那个微风拂面的傍晚，楠楠向我敞开了心扉。

原来，楠楠爸爸是大学老师，他从小就在教职工家属院里长大。家属院里少不了教职工打篮球的身影，他也打小就喜欢这种集跑、跳、运、团队协作于一身的项目。可就在他把篮球视为终生兴趣的时候，姑姑的一句话让他的心情跌落至谷底。

看到楠楠手脚不够灵活，反应速度如此之慢，再加上身高的硬伤，姑姑跟站在一旁的楠楠妈妈说："干脆别让楠楠打篮球了，半天都投不中一个球，再说了，这身高也不适合打篮球。"

姑姑有口无心，却在楠楠幼小的心里留下了阴影。

后来，班里组织篮球队，班主任召集队员，想起姑姑的话，他没有举手。再后来，学校举办篮球赛，同学邀请他一起组队，想起姑姑的话，他再次退却了。到现在，他已经有好几年没碰篮球了，甚至都不敢踏入篮球场。

真正喜欢的事情，即使不被看好，只要自己觉得值，其他的都是浮云。

我跟他聊起了几个篮球明星。

斯巴德·韦伯的身高只有170厘米，竟然可以垂直弹跳120厘米。他的过人之处不仅仅在于起跳的高度，还在于扣篮的难度，甚至可以向后飞翔，这一切都是训练的结果。

内特·罗宾逊的身高只比斯巴德·韦伯多5厘米，照样可以扣篮，可以从克里斯·韦伯（身高208厘米）的头顶上飞过去。

就连身高只有135厘米的加曼尼·斯万森，因为力量大、速度快、命中率高，闯出了属于自己的一片天地。

其实，激励一个人最好的方式不单单是空喊"加油""站起来"这样的口号，而是告诉他：这个世界上总有一些与你相同的人，他们依然可以活出偶像的模样。

那个洒满余晖的傍晚，楠楠终于释怀，从踏入篮球场的那一刻起，我看到他全身都闪耀着光芒。

千万不要活在别人的目光里，别人通过努力可以达到目标，你同样可以。这世上最大的谎言就是"你不行"，其实只要自己肯努力，一切都不是问题。

2

前不久，网上一篇名叫《如果穿短裙把两条腿的假肢露出来，走在大街上会怎样？》的帖子引起热议。这条帖子在一天之内收到了一万个赞和将近一千条评论，同时被微博和各大网站疯狂转载，受到了广泛关注。

发帖的人是一个失去右腿的女孩，与大多数人眼里的"残疾人"不同，她喜欢健身和旅行，拿过游泳冠军，最近还学会了攀岩。

那女孩叫谢仁慈，在她脸上，你看不到丝毫的沮丧。在她眼里，自己真正想做的事情不会因为身体缺陷而放弃，相反，她活得比任何人都无所畏惧。

当年，在贵州黔南州，4 岁的谢仁慈跟着母亲出去玩，路过一家诊所时，看到医师在为病人打针，她吓坏了，扭头就跑，不料被大巴车卷入了车底。

好不容易从昏迷中醒来，谢仁慈却发现，自己的右腿已经从膝盖以下被截肢，而妈妈为了救她冲到撞人的大巴车下，也失去了一条左腿。

经过车祸后的谢仁慈，内心被痛苦折磨着，因为失去了右腿，小伙伴都不愿跟她玩，她连幼儿园也去不了。

有一次，有一个男孩骂她是"瘸子""铁拐李"，她直接跟对方打了一架。男孩流了鼻血，悻悻地离开，她也"一战成名"，成了独腿女战士。

谢仁慈印象最深的是，高二那年的元旦晚会，她避开了喧闹，独自一人躲在图书馆里看书，"没有人问我跳不跳舞，他们都觉得我不能跳"。

离高考还剩一年的时间，她的模拟考试只有 400 多分，靠这样的成绩考上理想的大学有点难。妈妈从小就对她非常严厉，这一次不想给她太多的压力，只是说了句："我相信你。"

高三这年，谢仁慈拼了，她从年级排名千名之后进入前二十名，最后以 627 分的优秀成绩考上了西南政法大学，选择了学习法律。

她最常说的一句话是："如果我过得悲催，是因为懒和不努力，不是因为我是一个残障者。相反，如果我优秀、我快乐，是因为努力学习和工作，也并不是因为我是一个残障者。"

现在的谢仁慈穿短裙、涂口红，坚持健身，独立旅行，在街头唱歌，嘴边始终挂着笑容。她不需要别人的同情，也不需要别人的推崇，因为她的人生并没被自己的缺陷所限制，活出了连自己都刮目相看的样子。

3

这世上最大的谎言就是"你不行"。

一心想学游泳的你却总是呛水，手脚笨拙得连最简单的狗刨都学不会。这时有人跳出来对你说："水性这么差干脆别学了，你永远是个旱鸭子。"于是，你离开泳池后再也没回来过。

一心想学炒菜的你却总是把菜做得很难吃，工序总是记不住，火候也是控不准，连炒个醋熘土豆丝都会糊锅。这时有人跳出来对你说："你厨艺烂，炒菜根本不适合你。"于是，你宁愿点外卖也不愿去学炒菜，离上一次做饭过去了好几年。

一心想学音乐的你却总是学不会，乐理不通，两手不会并用。这时又有人跳出来对你说："音乐是留给有天赋的人学的，不是给你这种榆木疙瘩学的。"于是，你放弃练习，见到琴行就会躲得远远的。

一心想考研的你却总是瞻前顾后：万一考砸了怎么办？与其浪费大把的时间和精力，还不如毕业就求职。即使考上了，又能怎样呢？万一研究生毕业后还是找不到工作，又该怎么办？

事实上，你真的不行吗？答案是否定的。

4

日剧《别让我走》里有一句话这样说："梦想是因为拥有才有意义，无论能不能实现，都不要舍弃梦想。"

我们总是习惯性地去低估自己，却高估别人，认为别人口中的"你不行"就是晴天霹雳，甚至是命中注定。

我们都是普通人，又不是去参加奥运会，只要稍加努力，怎么学不会游泳？

我们又不是去做国宴，稍加学习，家常小菜又能难得倒谁？

我们又不是想当歌手成大腕，只要勤加练习，学会一种乐器又有多难?

我们即使考砸了，求职遇挫了，又不是天塌了下来，总会有更好的机会在等着自己。

没什么是一蹴而就的，这句话虽然残忍，却也公平。从平凡通往卓越的路是漫长的，有人站在原地，有人砥砺前行，有人半路折回。但不放弃自己的人，总会有抵达终点的那一刻。

所以，别认怂，一直走。走着走着，前方的路自然就亮了。

2. 世间残忍，唯有自救

1

前段时间，泰国的一条创意减肥广告火遍了全球。这条被喻为"拯救了20亿胖子"的视频讲述了一个因长得太胖被同村人嘲笑的姑娘通过自救，最后实现了向窈窕、纤美的逆袭。

无数次，胖姑娘从噩梦中醒来，耳边依旧是"猪头""肥佬"的嘲笑声。那些喜欢欺负自己的人，总是戴上猪鼻子扯着自己的耳朵，无休无止。

这样的欺凌让胖姑娘很受伤，却又无能为力，于是，她经常躲在角落里自言自语："你们都在嘲笑我吗……"

这时候，一个婆婆告诉她："在村子后方的山丘上有一口枯井，传说只要往枯井里放满水，玉皇大帝就会出现，给那个人一个愿望。"

于是，胖姑娘擦干了脸上恣意流淌的泪水，决定去将那口枯井灌满。

她提着两只空木桶，吃力地去河边舀水，然后一桶一桶地倒进枯井里。尽管一次次摔倒，双手一次次磨出了血泡，她也没一点放弃的意思。

就这样日复一日，年复一年，胖姑娘把用来伤心流泪的时间全部用在了挑水上。当她将最后一桶水倒进枯井里的时候，井水终于漫了出来。

"玉帝，你在哪里啊？"看着目标达成了，胖姑娘抬头高喊，可是空荡荡的山谷里只有她一个孤零零的身影。

为了绝地反击，我们自然会不顾一切，拼尽全力，至于结果，那是对我们付出的一种肯定。虽然，这也许只是一场梦。

可就在胖姑娘以为只是一场梦的时候，她看到了水中的倒影，身材窈窕，面容清秀，曾经的自己已经发生了彻底的改变。

视频的最后是几个醒目的字：只有你自己可以改变你自己。

在这个强者自强、弱者自弱的社会里，残酷的事物远比我们想象中的多。想要占领高地，不受他人欺凌，就要努力自救，把自己打造成一个强者。

2

电影《肖申克的救赎》里有一句台词会让人瞬间热血沸腾："每个人都是自己的上苍，如果你自己都放弃了自己，还有谁会救你？"

在自救这条路上，谁不是一边流泪，一边微笑着走下去的呢？

大三那年，教《广告学概论》的老师在课堂上讲了一个故事，一个关于她自己的故事。

时间回溯到二十几年前，她不过是一名初三的学生。与很多学校一样，那时她们学校里也莫名地来了很多中专学校来的招生老师。而那些招生老师大多以"低门槛，包就业"为噱头，引导大家报考。

不见其校，先闻其"声"。招生老师连续半个小时的狂轰滥炸，真的把一些人鼓动得忘乎所以，甚至连成绩一直排名前三的她也蠢蠢欲动了。

招生老师走了，班里炸开了锅。私下里，受一些同学的鼓动，再加上自己一时头脑发热，她竟跟几名同学一起报了名。

她自以为找对了方向，家人却为她操碎了心。为了能够让她放弃中专读高中，家人百般劝说，亲戚邻里挨个上门都无济于事。

有前三名的好成绩，为什么要选择读中专？

上了高中就有机会参加高考，高考后就会有更多的选择。最重要的是，即使中专升了大专，今后被记在"第一学历"上的永远是专科。

后知后觉就像扣扣子，起初很少有人会发觉自己扣错了第一个扣子，直到扣到最后一颗才会恍然大悟。一意孤行的她，最终在早恋和厮混的环境里悔不当初。

起初她还有挣脱环境的劲头，到最后那仅有的一点冲劲也消耗尽了。

其实，她一直有一个梦想，就是成为一名大学老师——教书育人，为人师表，桃李满天下。眼看时间一点一点被消磨，自己离梦想越来越远，她真的很想再回到中考前，为自己的明天重新选择一次。

可是，人生无法重头来过。

夜深人静的时候，她总是望着天花板，整夜整夜地失眠。回忆如芒如刺一次次扎进她的心坎，她痛定思痛，决定挣开现实的枷锁，快马加鞭地提升学历，最终实现当老师的梦想。

可是，谈何容易啊！一路走来，她牺牲了太多。靓丽鲜活的年纪里，她很少打扮，几套衣服可以穿一年，一有时间就扑在学习上。懵懂甜涩的青春里，她也不敢去恋爱，总是背着书包，三点一线地来回奔波。

她就像《只有你自己可以改变你自己》里的那个胖姑娘，总是在追赶着时间的尾巴，不敢有丝毫的懈怠。曾经的过错给亲人以伤害，这次她一定要弥补那一切。

说到这里时，她用目光扫了一下全班同学。所有人都聚精会神地聆听着，都满心期待着故事的结局。

她说："后来我通过努力，考上了一所上海的本科，又在本科院校里一路过关斩将，考到了英国的留学生。"

考研的日子是极其煎熬的，为了占座，她每天早上5点30就到教室门口堵着，牺牲了所有的周末去看书、刷题，还整理了三大本厚到让人瞠目结舌的考研笔记。

后来，她学成回来，如愿以偿地被一所大专院校聘用。再后来，她又经过一番努力来到我们所在的大学任教，终于实现了当初的梦想。

她静静地把故事说完，放眼台下，所有同学听后都在沉思着。然后，掌声响起，经久不息。

当现有的环境不再适合你成长的时候，你就要大胆地

别让你的努力配不上你的野心

跳出来，甩掉藏在身上的污浊之气，还自己一些积极、阳光的气息。

唯有自救才能打破桎梏，迎来新生。

3

我特别喜欢一句话："年轻时放手一搏，至少当逆境真正到来的时候，你能够砥柱中流而不是弱不禁风。"

这样的格言足以刻在书桌右上角，昼读夜诵。

几天前看到咪蒙写的一篇文章，讲述的是以前她采访过的一名注册会计师。

在未成为注册会计师之前，那个来自三流大学的农村小伙子，受尽了周围人的嘲笑和挖苦。

咪蒙在文中写道，小伙子喜欢戴着耳机去刷题，尤爱听周杰伦的《东风破》。

这首歌记录了他熬过的夜，吃过的苦，以致到最后考取了注册会计师，只要一听到《东风破》后，他就想去刷题。

故事虽然简短，却映射了一个追梦者的心路。

在现今这个社会里，没人可以给你安全感，唯有你自己。

4

我曾在一部电影里看到这样一个场景：一个虔诚的落水者希望上帝能救他。一艘船过去了，他拒绝被救，说："上帝会来救我的。"第二艘船又过去了，他仍然以同样的理由拒绝被救。后来，他溺死了。

到了天堂，他不服气地问上帝："万能的主啊，你为什么不来救我？"

上帝回答道："为了救你，我派出了两条船。"

海明威在《太阳照常升起》的序言中说："这世界大多数人都在迷茫。我们安慰自己，只因为那里或许有个上帝，端坐天堂。"

上帝只会救自救之人，你想改变一眼就能看穿的生活，改变枯燥的工作，改变颓靡的一生，却不去打扮自己，不去健身，不去充电，不去跟外人接触，不去试着接受改变本身，就别妄想所有的好事都发生在自己身上。

如果你正处于顺境，那么，不要着急，只要肯坚持，你就一定会抵达目的地。如果你被逆境困住了手脚，那么，你就要尽快改变，唤醒心中的巨人去拯救自己。毕竟，汗水和泪水虽然都很宝贵，但只有汗水才能浇灌成功。

别让你的努力配不上你的野心

3. 最大的失败，是你从来没有战斗过

1

前不久，我的读书写作群里请到了一名嘉宾，叫阿莫。

阿莫是一名旅行作家，1995 年出生的他已经走遍了中国的各个省及直辖市，拍摄了无数堪称艺术品的照片。

阿莫坦言，早在初中的时候他就开始尝试独自旅行了。这些年一路走来，他爬过雪山、走过草原、穿过沙漠，到过一百多个城市，并跟两百多个人交流过。

为了旅行，他不知追赶过多少次早班车，有多少时间在风雨中出行，有多少夜晚熬到凌晨才休息。

最惊险的莫过于感受过几公里之外的地震，爬山时失足落下山崖，庆幸只是擦伤了点皮，算轻伤。可即使这样，他还是一副我行我素的模样，因为热爱这种生活，所以经历的一切都是一种享受。

这些年来，他一直把旅行当作重要而神圣的事情去做，甚至已经融入自己的血液里。除此之外，他还在当地建立了一所图书室，策划了一次四川志愿者活动，当选为当地

高校传媒联盟的副主席，并在毕业后顺利地在北京某公司以一名实习生的身份全权负责一个大项目。

一个 95 后，可以把生活过得这样多姿多彩，实在难得。

曾经有不少人质疑他："你还是学生，即使有精力，哪有那么多时间和金钱去旅行，更何况是去西藏、云南、新疆等偏远地区？"

对于这样的问题，他的回答只有一句话，却足以让人醍醐灌顶："只要你认定了一件事，哪有那么多退缩的理由？"

是啊，我们又不是什么领导或者老板，怎会没时间？至于路费，大不了一路打工一路前进，路途再远，总会有抵达的那一天。

一直心心念念着出发，却迟迟没有迈出脚步，只能说明这件事不吸引你，你还没倾注足够的热爱。

一直以来我都喜欢做摘录，其中就有阿莫说的一句话："即使这个世界很残酷，我希望可爱的你更酷，去你想去的地方，做你想做的事，念念不忘，必有回响。只有勇敢地迈出第一步，才会发现最真实的自己，最自信的自己。"

2

如今，看到阿莫步履不停地行进着，寻迹的感悟书籍一本本上市，我除了钦佩，还有些自惭形秽。

如果说一个人的成功，坚持的比重占少部分，那么，迈出第一步一定占一半以上。良好的开端是成功的一半，说的就是这个道理。

想想过去，遗憾满满。我们总是在最该坚持的时候选择了放弃，在最该立马行动的时候选择了退缩。琐事的羁绊，未来的缥缈，都像是重重迷雾挡在我们面前，束缚着我们跃跃欲试的手脚。

也许你跟我一样，做过无数次旅行攻略，却一直被各种琐事"囚困"，最后后悔不已；也许你跟我一样，一直想买几本好书充实自己，却一次次因为各种琐事最后不了了之；也许你跟我一样，一直想去健身，就算健身房推销人员日日打电话，月月做拜访，到最后你还是以没时间为由拒绝，至今一身赘肉……

当初的一念之差，就是在这种潜移默化下影响了事情的发展，悄然间改变了事物的结果。

我在一本书中看过这样一句话："一个人之所以久久没有迈出脚步，一是喜欢拖延，想要为惰性开脱；另一种则是自我设限，认为自己不行。"

拖延的人，惰性会生根发芽，最美的光景不也无缘遇见吗？

自我否定的人，如果不愿尝试，又怎会跳出因为自我设限而退却，接着又自我设限的怪圈？

3

朋友阿信曾是赤峰某影视公司再普通不过的一名小职员，如今绩效突出，被公司直接任命为副主编了。

阿信是安徽淮南人，在"煤都"长大的他，自小就酷爱武侠小说里的侠客形象，崇尚自由，极爱闯荡。

很少有人知道，阿信之所以会选择赤峰这样离安徽老家十分遥远的地方求职，仅仅是因为跟莲姐的一次聊天。

莲姐是阿信的文友，她是编辑部的主编。对于阿信的突然到访，她也着实吓了一跳：不是说安徽人去江南一带打工的比较多吗？赤峰这个内蒙古的三线城市又怎会吸引来一个安徽人？

原来，早在阿信赶来之前，阿莲就曾跟阿信聊过公司招聘的事情。没有过多的纠结和犹豫，第二天晚上，阿信就风尘仆仆地赶到了公司门口。

赤峰在北京以北，沈阳以西，论路程，阿信至少要坐一天一夜的火车。难以置信的是，阿信真的来了，而且让所有人都没想到的是，他还是一个风度翩翩的帅哥。

后来，阿信经过一番努力成功转正，最后荣升为副总编。一些同事凑过来问他："为什么会选择到这么远的地方来求职，更何况主编莲姐还从未见过你？再说了，万一

别让你的努力配不上你的野心

你来了公司不录用你，那岂不是竹篮打水一场空？"

面对种种质疑，阿信却出奇地冷静，说："有些机会现在不把握，也许以后就没了。机会摆在面前却迟迟不肯行动，那才是最大的失败。"

当一切还未成定数的时候，尝试才是守得云开见月明的不二法门。一个真正的勇士，一定是敢于试错、敢于承担一切的人。

<h1 style="text-align:center">4</h1>

这世间，有一个可怕的词叫"如果"。

如果当初我选择创业就好了，如果当初接下那个项目就好了，如果当初学那个专业就好了，如果当初勇敢表白就好了……

可现实从不仁慈，它绝不会给你一个从头再来的机会。

决定一个人未来的，不是他的出身和境遇，而是看他在每一段境遇中是否有迎难而上的勇气。

最后，愿我们都可以像作家苏芩说的那样："人生总有些悔不当初的遗憾，这就是学费。如果再给一次机会，可能你照样还是会不够珍惜，这就是人性。所以，错过的，就此别过。未来的，敬请期待。"

4. 未来的对手，给我好好接招

1

5 月的某个深夜，腾飞在微信上给我发了一张车票照片，上面赫然地写着：北京—黄山。

腾飞是我的同系好友，毕业后也来北京闯荡。那时，我刚刚整理完第二天要用的资料，看到腾飞的车票，还以为他又要去旅游。

腾飞向来喜欢旅游，大学还没毕业，他就已经游遍了二十多个省及直辖市，还去过泰国和韩国。我试探地回问："这次又要去旅游？"

腾飞半晌没有回复我，我在屏幕这一端等得有些着急。正当我快要睡着的时候，手机再次响起，我定睛一看："这次我不是去旅游，是决定要回老家了。"

我猛地坐起身，问："为什么？你在北京不是工作得好好的吗？"

腾飞发了一个苦笑的表情，说："这里没有我的梦想，这里到处都是竞争的压力，整天都有被他人顶替掉的不安

全感。我思考了很久，还是决定回老家考公务员，安安稳
稳地生活吧。"

我震惊了，不知道该如何劝说他。

一个当过四年班长，三年志愿者协会部长，两年学生
会主席，还在省级及国家级写作比赛中捧回奖杯的人，怎
么说放弃就放弃了呢？毕业前，他还雄心勃勃地说要在北
京闯出一片天地，怎么没多久就认输了呢？

我多么想当面去挽留他，却察觉这一切来得太突然了。
深夜3点，火车已经南下。

那一刻，我满脑子都是腾飞当初表达"不破楼兰誓不
还"的情景。

腾飞和我一样，家人只想让我们安安稳稳地生活，不
愿让我们到北上广深去打拼。但最后我们都坚持己见，买
了火车票，留了一封信。让我始料未及的是，还没到半年
腾飞就选择了放弃，只留下我独自一人在北京。

我常常躺在铁架床上苦思冥想：一个踌躇满志的人为
什么会选择放弃？不是应该逢山开路、遇水搭桥，最后血
洒疆场的吗？

后来，我终于明白，是现实磨去了我们的棱角，拔去
了我们的锋芒，以致我们想要还手时却发现，自己早就没
了挽回一切的余地。

2

人总要为梦想疯狂一次，不只是为了荣誉，为了地位，更多的是因为内心的不甘。

节目《偶像练习生》里，坤音四子（岳岳、木子洋、卜凡和灵超）的日常训练感动了无数人。

四名带着一腔热血从零开始的练习生，正式出道之前留给观众的永远是挥汗如雨、咬牙坚持的背影。压腿、劈叉、超负荷的跑步、一遍又一遍地练舞……几个人声嘶力竭地吼叫着，衣服干了又湿，湿了又干，却没一个人想过离开。

"曾经我们一度认为，idol（偶像）就是长得好看，学点才艺，花点钱推一推、炒一炒，轻而易举就会受万人追捧。"

实际上，成名比想象中的要难上百倍。要想受到万人追捧，就要付出别人难以企及的努力。

想要拼尽全力的人是无所畏惧的，不管天有多高，地有多广，也要努力飞翔闯出一片天空。正如坤音四子在MV《如果你能感同我的身受》中所唱的那样："谁都想笑着看天空，生来本是身藏不逊桀骜，前面的敌人，给我好好接招，谁说我不能，这就是我最初的梦。"

我这么拼命，是为了证明自己。未来的对手，请给我好好接招。

3

张艺兴说："最宝贵的时间是你当练习生的时候，请珍惜，舞台是给准备好的人。"这个世界从不缺少机会，缺少的往往是努力。舞台之于练习生，职场之于实习生，都是一次长途跋涉，都是一个忍受煎熬的过程。

命运把一切分得很开，挺过去了，就有掌声雷鸣；挺不过去，只有扼腕唏嘘的份儿。

一路上风风雨雨，我们披荆斩棘，为的是证明那些嘲笑我们的人、对我们冷眼相看的人错了，而且从一开始就大错特错了。

我们不需要他们道歉，只需要他们懊悔。所以，未来的对手，等着接招吧。

4

在我身兼数职忙到不可开交的时候，别人总会问我：为什么要把自己搞得那么累？未来的路还很长，当下不应该好好享受生活吗？

可我就是不想停滞不前。

我不想看到现在自己想买的东西，到了 40 岁还是买不起；不想看到现在自己孑然一身，到了 40 岁还是孤身一人；不想看到机会就这样一次次被别人抢走；不想看到对手一直冷眼嘲笑我，直到我垂垂老矣，无力招架。

我们为什么要奋斗？为什么要努力地活着？

因为，这世间充满了艰难，除了更加强大，我们别无选择。

5. 我要感谢的，是曾经嘲笑我的那些人

1

第三季《中国诗词大会》落幕的时候，我给周舟打了个电话，并告诉他雷海为斩获了冠军。

电话那端是各种鸣笛和发动机的声音，虽然嘈杂听不太清，但我还是清晰地听到了他的一声惊叹。

雷海为是《中国诗词大会》的一名选手，他从小就对诗词有着浓厚的兴趣。看似其貌不扬的他，却一次次赢得了满堂喝彩。

因为早年生活比较拮据，为了读诗，雷海为就想到了一个办法：到书店里去，当场把那些自己喜欢的诗词背下来，回到家立马把它们默写出来。有时候一天背得比较多，可能有些字忘记了，然后下次去书店的话，他会再把它们核对出来。

就这样，雷海为积累了八百多首诗词。

前年春节，雷海为无意中看到央视播出的第一季《中国诗词大会》，就感觉特别喜欢，并萌生了参赛的想法。到了第二季海选的时候，他虽然信心满满，但还是在面试环节被节目组拒在门外。到了第三季海选的时候，他终于受到了节目组的邀请。

如果仅凭对诗词的热爱，谁都不会想到，一路过关斩将，步步为营，甚至打败北大硕士的雷海为，会是一个送餐骑手。

送餐的日子必定是无比辛苦的，除去恶劣的天气、环境不说，遇到客户恶意刁难、差评和被扣工资等情况，无异于雪上加霜。

与其他外卖小哥一样，雷海为白天会穿梭在楼宇、巷陌之间，马不停蹄地为客人送餐。但与众不同的是，就在争分夺秒的送餐路上，他还会挤出时间看诗词。

"一般在等餐或者休息的时候，我会把随身携带的《唐诗三百首》拿出来看。这样一单外卖送到了，一首诗也背会了，心里特别高兴。"十年送餐无人问，一举成名天下知。在《中国诗词大会》的舞台上，雷海为毫无保留地展示了自己多年来的学习成果，一举夺冠。

2

对于雷海为不甘平庸的努力，董卿都忍不住为他点赞："你在读书上花的任何时间，都会在某一个时刻给你回报。我觉得你所有在日晒雨淋，在风吹雨打当中的奔波和辛苦，你所有偷偷地躲在那书店里背下的诗句，在这一刻都绽放出了格外夺目的光彩。"

至今我还记得周舟第一次看到雷海为登场时的不屑。在他看来，雷海为是一个再普通不过的送餐员，头发稀少，相貌平平，没法儿跟那些文学硕士、书香子弟比。

当晚我发了一条朋友圈："千万不要小瞧任何一个人，因为我们没权利去定义别人的人生。对于一个从不认命、不放弃自己的人，能面对多少冷眼，就能迎来多少鲜花和掌声。"

在决赛没落幕之前，谁也无法断定哪个选手会夺冠。不嘲笑、不轻视是对别人的尊重，也是对自己的肯定。

3

我曾在某个平台上看到罗志祥成名之路的一段视频。在没成名之前，他曾有过一段不被看好的时光。

当年，16岁的罗志祥以模仿郭富城而正式出道。虽然他可以登台表演，出版新专辑，但他的星光之路并不那么明朗。

就在罗志祥跟其他三人组成"四大天王"组合的第三年，组合中有两名成员因为不适应演艺圈的环境和兵役问题而退出了。于是，他与剩下的另一名成员欧弟另组了新的组合"罗密欧"。

在罗志祥陷入事业低谷的时候，有一个邻居对罗妈妈冷热嘲讽道："就你儿子那个样子，肯定不会红！"

作为一名艺人，人气是演艺事业极其重要的组成部分，而邻居的直言不讳让护子心切的罗妈妈当众挥拳，最后还负了伤。这让罗志祥暗暗发誓：我一定要混出个名堂来，别人说我不行，我一定要证明给你看。

这些年，罗志祥拼得很凶，视频里呈现的尽是他挥汗如雨、咬牙坚持的镜头。

现在，相比于那些昙花一现的明星，罗志祥始终没离开公众的视线。

毋庸置疑，罗志祥的舞蹈天赋是与生俱来的。从出道早期模仿"舞王"郭富城，到后来担任《舞极限 Over The Limit 世界巡回演唱会》视觉、音乐和舞蹈总监，再到《这！就是街舞》的明星队长，他的成绩足以让所有曾经看低他的人羞愧，哑口无言。

如今，罗志祥已是著名华语男歌手、主持人、舞者及演员，没人再去挖苦和嘲笑他了，因为强者自强，更因为不被嘲笑的梦想缺少实现的价值。

4

苦只会苦一阵子，怕就会输一辈子。不去证明自己，不经历点磨难，永远是别人冷眼相看的对象。

李宗盛没成名之前，一边帮家里送煤气，一边在"木吉他"合唱团里唱歌。那时候就有人挖苦他："你这么丑，还这么穷，也没什么天赋，怎么能唱歌呢？"

Lady Gaga 在面试的时候，音乐评委直言不讳道："你的歌声太戏剧性，又有流行的风格，没法分类，另谋高就吧。"

马云刚从大学毕业，到肯德基应聘经理助理的时候，一共有 25 个应聘者，24 人被录用，只有他被淘汰了。他追问原因，面试官的回答竟然是："你的身高和相貌会影响到顾客的食欲。"

可是谁又能预见，当初被挖苦的李宗盛，如今已是华语乐坛大师级的人物。当初不被看好的 Lady Gaga，如今成了炙手可热的流行歌手。当初被拒之门外的马云，30 年后大手一挥，"买下"了肯德基的母公司将近百分之一的股票。

这个世界，谁都有可能被嘲笑，但谁都有反败为胜的机会，毕竟我们还有大好的青春。最可怕的莫过于吃不了苦，没坚持多久就打退堂鼓了，还不肯请教别人，别人给了意见就会用"你们不懂"来拒绝。

难道梦想是凭空想出来的？

那些根本不努力的人，光羡慕别人，只嫉妒别人，还没用力就觉得拼尽了全力，稍稍遇挫就缩在床上哭着说"实现理想太难了"，最后也许只有被嘲笑的份了。

5

电影《当幸福来敲门》中有这样一个情景：

经济窘迫的父子俩在餐厅里坐着，看着远处一家人快乐吃饭的时候，修好的机器亮起了灯，那光亮像是来自天堂。主人公瞬间红了眼圈，跟别人一一握手，然后冲出去，冲到幼儿园，抱起了他的儿子。

电影里有一句台词很是鼓舞人心："如果你有梦想的话，就要誓死去捍卫它。"就算被人嘲笑，你也要驳回去，因为，没人有资格嘲笑你的梦想，有些人之所以会去嘲笑，不过是希望你跟他们一样平庸。

在梦想面前，我们可以没颜值，没背景，没金钱，但我们一定要有一颗勇敢而强大的内心。

唯有让别人看到你对梦想破釜沉舟的决心，有一天你才会骄傲地唱出："冷漠的人，谢谢你们曾经看轻我，让我不低头，更精彩地活。"

6. 别哭，因为别人看到后只会偷偷地笑

1

前不久，一个深夜，我在微博里收到了一个女生的来信。女生说，她去食堂二楼买米线，准备带回宿舍吃。那天赶上下雨，楼梯湿滑，她一不小心就从楼梯上面摔了下来。这一摔不要紧，衣服全脏了，米线也撒了一地。

她疼得动弹不了，没一个路人扶她起来，有的人还只是偷笑。她随口骂了一句，路人就笑得更加毫无顾忌了。

女生说，那一刻，她真想找个地缝钻进去，因为真受不了这样的冷漠和嘲笑。

我说："这就是看客的心理，大多数人都会抱着得胜或者事不关己的心态，看着处在劣势或者不如自己的人偷偷地乐。别说你钻地缝了，看客们都巴不得你哭呢。"

你一哭，别人就会说：你看，这小姑娘遇到一点困难就流泪，谁会像她这样。于是，他们更乐了。

我跟她说起了一个故事。

上初中的时候，我们学校购置了很多体育器械，其中就包括鞍马。那时，我的个子本来就不高，瘦小瘦小的，看到鞍马就怵得慌。最要命的是，体育老师不仅要我们练跳鞍马，还要把分数记入考试成绩。

因为害怕摔跤，我总是排在队伍的最后面，看着前面的同学一个个地顺利跳过了，我越来越紧张。

轮到我跳的时候，我已经紧张到不行。我颤颤巍巍地起跑，想象着自己撞在鞍马上，或者摔倒在地被别人笑话的样子，常常腿一软就"如愿以偿"了。

有好几次，我偷偷地抹眼泪被同学看到了，最后全班同学都知道我哭了。我写的日记被不怀好意的同学看到后撕下来贴在墙上，全年级同学都知道了。

我不敢告诉任何人。其实，平时我还是挺勇敢的，因为在没征服跳鞍马前，所有的反抗都是徒劳的。

也许是摔得多了，泪流干了，从那以后，体育课上我再也没认怂过。是啊，我是个子小，是掉过泪，可我最忍受不了的就是大家的嘲笑。

这一次，我要跳——跳出新高度，跳出那个闪亮的自己。摔倒怕什么，不就是疼一下，忍一忍！就算摔骨折了，也不要轻易掉眼泪，毕竟笑到最后的人才是胜利者。

后来，我体育考了高分，一下子扳回了局面，再也没人提起我的过去了。

那些看笑话的人，千万不要让他们得逞。摔倒了就站起来，这世间除了自己，没人有资格去嘲笑你。

2

记得上大学后，有一次我跟母亲通电话。那时是正午，室友们都在寝室，有的在吃饭，有的在玩电脑。

其中，有个室友一边吃饭，一边看搞笑综艺，突然就笑出声来。正是因为这声大笑，母亲抬高了分贝，几乎喊了出来："是不是有人在笑你？有人笑你，你就狠狠地笑回去，千万别让对方看不起。"

我第一次听说，笑还可以用"狠狠地"来形容——别人可以嘲笑我们，我们凭什么不可以反击？

虽然室友的笑不是嘲笑，我却觉得自己上了一堂生动的生活课。

母亲就是这样的性格，凡是嘲笑她的人，只要被她听到，她一定会"笑"回去，直到对方尴尬地收声；凡是等着她出糗的人，只要被她发现，她一定会"看"回去，直到对方无地自容地转过头去。

也正是受了母亲的影响，我的性格里多了一股韧劲。不管自己有多么渺小，际遇有多么糟糕，我都不轻易灰心和放弃，更不会轻易掉眼泪。

晒在窗台上的鞋子被淋湿了，室友恶意调侃，我就当作没发现，该怎么穿还怎么穿；考研熬了大半年还是落榜了，同学唏嘘不断，我受之坦然，去周边城市旅游一圈，失意烟消云散；求职路上四处碰壁，好不容易入了职又被别人挤下去，同事议论满天，我欣然接受，还没等大家缓过神来又投身"求职大战"……

谁都不是一生下来就刀枪不入、战无不胜的，最后帮助我们战胜对手赢得尊重的，只有那一身靠坚韧铸就的铠甲。

3

"如果拥有一颗奔跑的心，轮椅的确困不住我们的身体。"这是在《朗读者》第二季舞台上，清华学霸矣晓沅在演讲时所说的。

有些路，不是靠双脚而是靠不屈的力量走出来的。就像矣晓沅，当他驾驶着轮椅缓缓地走向台前的时候，所有人都对他这位其貌不扬却非常坚韧的人肃然起敬。

命运多舛的他，6 岁的时候就被确诊患有类风湿性关节炎，这种被医学界称为"不死的癌症"渐渐地侵蚀着他身体的每一个关节。一开始的时候，他只是跑不快，跳不高，走不远，到了 11 岁的时候就再也无法站起来了。

与轮椅为伴的日子，是痛苦而煎熬的。看着其他小伙伴可以蹦蹦跳跳，满大街地奔跑、撒野，矣晓沅只有把苦闷转化为学习，他说："对我来说，一本书或者一道题，就成了我世界的全部。"

为了减少写字时手指的疼痛，学习理科的他也时常因为字写得不好而被减分。"我觉得很艰难，心里有时候会有愤怒，想要把这些东西夺回来，那我唯一的武器就是学习。这也是我唯一可以倾尽全力去做好的事。"

面对身体缺陷，他没有怨天尤人，也没有以泪洗面，而是拼命学习，把失去的一切要夺回来。别人一个小时就可以完成的功课，他常常要花五个小时甚至更多，但他依然坚持着。

后来，他被清华大学录取。但是，又一个难题摆在了他面前——一节课结束后，要从一栋教学楼换到另一栋教学楼，两栋教学楼之间的距离至少要一到两公里。

为了不迟到，他必须驾驶着轮椅在人群、自行车群中飞速穿梭。下大雨的时候，他的身体完全会被淋湿，这样身体又会特别疼，还会高烧不止，他也因此经常是左手吊着点滴，用右手写作业。

由于行动不便，没办法上厕所，他就约束自己每天定量喝一小杯水，不管是酷暑难耐的夏天，还是干燥异常的冬天，亦是如此。

从大一到大二的名次逐渐提升，再到大三时的第九名，最后在大四时拿到了清华大学的特等奖学金。这一路走来，他写尽了无数个日日夜夜的苦楚和艰辛。

如今，他已是清华大学的研究生，还是人工智能"九歌"研制团队的骨干。

当他的身体被固定在轮椅的那一刻，他就默默地告诉自己，不要让那些冷眼嘲笑自己的人得逞，一定要用成绩去闯出一片天地来。庆幸的是，他做到了。

4

一个坚毅如钢的人，怎会去哭？越是不被看好的时候，就越要争气地活。

我最喜爱的电影之一《钢铁是这样炼成的》里，厂长宋光荣常常对别人说："小时候就算是饿得眼冒金星，也不会向别人要口吃的。"

从技术革新到超负荷的订单，再到收购凤凰钢铁厂，国家宏观调控，环保整治，宋光荣一路带领着大家迎难而上，从未见他在困境里痛哭，也从未见他被现实击垮。

从一家长江之滨的民营钢铁企业，最终发展成为世界五百强企业，这需要钢铁般的意志，也需要钢铁般的坚强。

文友雨巷曾在《内心强大的人，往往都有这几个特点》里写道，自我认识、宠辱不惊、信念坚定都是强者的必备素质，而"敢于直面打击"才是决定一个人能否绝处逢生的重中之重。

网上流行一句话："别低头，王冠会掉；别流泪，坏人会笑。"

身后有等着看你笑话的人，你怎能哭？不能。

7. 把所有力气都留着变美好

1

前不久，我收到沈阳文友晓磊的来信。上大学时他交了一个女友，两人的感情一直很好。如今，他们双双毕业，女友带他去见父母，不料遭到了女友家人的反对。

为什么反对？原因很简单，就是嫌弃晓磊家里穷。反观女友的家境，在温州坐拥几处房产，手上还握有两家商场的股权。

晓磊说，那是他有生以来第一次向别人低头，为了爱情，他可以卑躬屈膝地向女友家人承诺，今后一定会加倍努力，让女友过得幸福。

还没等他说完，女友母亲就打断了他的话："我女儿在家里可是掌上明珠，从小就没受一点委屈，我可不想让她以后跟着你受苦。"

晓磊百般哀求，几乎都快哭出来了，女友家人才勉强松了口：结婚之前，一定要拿出 80 万元在沈阳买上一套房，有房就结婚；买不起，一切免谈。

别说是家境一般的晓磊，就以一个刚刚毕业的大学来说生，初出茅庐，在求职和工作上四处碰壁，连温饱都是问题，更别说攒够钱买房了。最让晓磊痛心的是，女友始终一言不发，在低低地抽泣。关键时刻，她没站在自己一边，只留下他一个人在挣扎。

想到这里，晓磊有些心灰意冷，没多久，他就离开了女友的家。

当我听到这里，心里一阵触动。我想起网上流行的一句话：感情里最无奈的，莫过于在没有经济能力的年纪，遇到了想要照顾一辈子的人。

很久都没人向我倾诉了，我知道受过伤的人再去揭开伤疤给另一个人看，这需要很大的勇气。隔着屏幕，我仿佛看到了晓磊憔悴的脸。

我安慰晓磊道："既然已成定局，再怎么挣扎都没用了。与其低下头颅，放下尊严去哀求，不如仰起头来，让自己变得足够优秀。"

这世间难的是改变别人，容易的是改变自己。

只要肯努力，不是还有希望吗？怕就怕在，一顿捶胸顿足，哭爹喊娘之后，不但事情没变好，自己的形象也毁于一旦。

2

在我认识的所有朋友当中，月瑶绝对是数一数二的励志模板。要说她的故事，就要追溯到半年前，从她还没开始减肥说起。

那时，月瑶在一次朋友聚会中认识了一个男生，互加微信后，男生很主动，对她百般示好。

只是在不久后的一天，月瑶敏感地发现，男生并没有想象中的那么好，除了她，男生还同时跟好几个女生保持着暧昧关系，这明显是把自己当备胎了。

一次，遇见男生的好哥们，月瑶不断追问，进一步确定了男生的不轨行径，并且得知自己经常被男生在朋友面前调侃太胖，是一个活生生的"傻白甜"。

要是换作一般人，肯定会勃然大怒，二话不说就去找渣男理论。再极端一点的，就是带上自己的朋友或者亲戚组成"讨伐团"，给男生一点颜色看看。事实上，这样的方式往往适得其反，要么撕破脸皮，要么不欢而散。

最理智也是最高贵的方式，是留着力气让事情变得美好。这一点，月瑶发挥得淋漓尽致。

为了减肥，月瑶坚持晨练，在离家不远的健身房办了张会员卡，克制自己吃零食的欲望，每顿饭只吃过去的一小半。

当我睡眼惺忪地赶到公司时，她已经晨练了两个小时，整个人都元气满满的；当我们下班后，只想逛街、聚餐的时候，她把时间都用在了跑步上，永远不知疲倦。

想象着她大汗淋漓的样子，看着她只有一个苹果和一个鸡蛋的午饭，看着她在朋友圈里秀一天比一天瘦的身材，我除了羡慕，还有钦佩。

半年后，月瑶晒出了一张自己前后的对比照，若不是一家公司的同事，一般人根本接受不了这样的现实。

接下来，让人啼笑皆非的事情就发生了。前男友得知月瑶瘦下来后，又主动来找她复合。时间无法倒流，破镜无法重圆，更何况月瑶已经知道了渣男丑陋的一面，复合是不可能的了。

这就是"今天你将我狠心抛弃，明天我让你高攀不起"最有力的写照。

月瑶说，这半年是她最煎熬，也是最快乐的一段时光。煎熬是因为"太胖"两个字无时无刻都在折磨着自己；而快乐，是每次想象前男友在别人面前说自己太胖，就觉得再苦再累也要把健身这件事情坚持下去。

当一个人不再爱你了，你再怎么哭、怎么闹都无济于事。而让剧情反转，被动变主动的最好方法，就是把所有力气留着去改变。因为只有去改变，才能摆脱所有的无奈、屈辱和不堪。

3

身边一个学互联网的朋友，跟我说起过她的故事。

刚来北京那会儿，她在一家互联网公司工作。不巧的是，刚入职不久金融危机席卷而来，因为市场调研数据的失误，公司遭受了巨大的损失，随时都有可能破产。

公司举步维艰，不仅要缓发工资，还要裁员。说起来令人唏嘘，那家运营不到半年的公司，老板和员工加起来

別让你的努力配不上你的野心

不到 20 个人，但个个都是中坚，谁走了都不合适。

很多员工本来对公司的现状就怨声载道，听说半年都发不了工资，还准备裁员，于是就主动辞职了。而唯独她主动请缨，决定与公司同舟共济。她是一个一旦认定了方向就不会轻言放弃的人，因为她相信，是危机也是机会，既然选择了就不会后悔。

一夜之间，原本就不多的公司人员成了屈指可数的游击队。公司的人少了，要处理的事情却更多了。所以，很多时候她都是身兼数职，业务员、谈判员……不管多忙多累，她也不抱怨一句。

是的，她要与公司共进退，一荣俱荣，一损俱损。

我问她："那么多人都跳槽了，连老板也有些灰心了，你为什么还要坚持留下来？"

她笑着说："这才是我留下来的意义，一方面，我帮助公司渡过难关，那样可以实现自我价值；另一方面，我是为了给公司一丝希望，自己要把所有力气留着变美好。"

后来，她索性住在公司，不分昼夜地工作。在她的带动下，公司熬过了那段最艰难的日子，也渐渐恢复了正常的运转。

把所有力气留着变美好吧，这样才会看到破晓后的曙光。

4

玛丽娜·阿布拉莫维奇说:"欢乐并不能教会我们什么,然而痛楚、苦难和障碍却能转化我们,使我们变得更好、更强大,同时让我们认识到生活在当下时刻的至关重要。"

电影《锈与骨》讲述了一个因为受伤失去生活保障的拳击手阿里,与美丽的虎鲨训练师斯蒂芬妮的故事。

一个被妻子抛弃,独自带着儿子;一个光芒万丈,却在一次表演中被虎鲨夺去双腿,成了残障人士。

两个世界的人本不该相遇,但阿里帮助斯蒂芬妮重新找回了生活的自信,带她走出了绝望。而斯蒂芬妮又何尝不是阿里混乱生活中的那一丝清新微风呢?两个绝望中的人相互救赎,最终产生了爱的火花。

潇洒姐说:"记住那关于光阴的教训,回头走,天已暗,'你献出了十寸时和分,可有换到十寸金'。如果献出的十寸时和分,都只是在消耗自己的力气和精神,我们拿什么去换那十寸金。我们都是这个星球里小小的人儿,不能再自我消耗,我们要留着所有的力气用来让自己变美好。"

竞争当道,愿你我把所有力气留着变美好,不抱怨过去,也不担心未来,更不委曲求全。

把所有力气留着变美好,这才是对自己最大的肯定。

8.总有一天你会明白，最大的对手是自己

1

这世间没什么可以阻挡你前进的脚步，除了自己。

历经千帆之后，你终会明白，所有的限制都是从自己的内心开始的，战胜自己就赢得了全世界。

新房装修的那些天里，我认识了一个砸墙的师傅。师傅姓宋，40 岁出头的样子，初次见面，给人一种不善言谈却很随和的感觉。

因为要砸的墙面比较多，所以，只有一人是远远不够的，宋师傅就把自己的儿子小宋喊了过来，那是一个 16 岁左右的少年。

起初，我并不知道这少年是宋师傅的儿子，我向宋师傅交代工作的时候，小宋只是默默地站在一旁，眼神飘忽不定地环顾着四周，似乎在寻找什么，又似乎在躲闪什么。

宋师傅虽然瘦弱，却有着长年积攒起来的爆发力。小宋看着父亲一次次抡起铁锤砸向墙面发出咚咚的回响，竟发起呆来。

"还不赶快把碎砖装到推车上，拉到楼下去，愣在那里干吗？"宋师傅对儿子喊道。

正值最好的年纪，不应该在学校里学习吗？离开了学校，脱离了学生队伍，将来准备做什么？带着种种疑问，我问宋师傅："小宋看起来不大，应该还是个学生，这时候不应该在学校里学习吗？"

宋师傅似乎早已知道我会问这个问题，无奈地摇了摇头，说："谁说不是呢。我和他母亲，还有他的班主任，苦口婆心劝了好久都没用，才上高一就想出来打工，可工是好打的吗？没学历，没技术，难道要像我这样靠体力吃饭？以前在初中名次靠前的时候，他可不是这样的。"

我听完，陷入了沉思。

曾经的我也是一名厌学的学生，而那种厌学不是因为对知识本身的排斥，而是因为心理问题。我个子矮小造成了自卑，造成了身边没朋友，没朋友就会更加自卑，最终形成恶性循环。

青春期的孩子是性格养成的重要时期，心理疏导比任何年龄段都重要。看着宋师傅紧锁的眉头和忧虑的面容，我试着走进小宋的内心，一探究竟。

别让你的努力配不上你的野心

2

相比于宋师傅，我和小宋有着更多年轻人的共同话题。在男生的世界里，似乎总少不了游戏的存在，于是，我开始用某款当下热门的游戏作为突破口，鼓励他多说话。

事实证明，人天生就有表达的欲望，只是很多时候我们没找到交流对象，时间一久，就学会了隐藏自己，沉默寡言起来。

我的主动试探再加上共同话题，让小宋打开了话匣子，我和他很快就成了无话不谈的好朋友。

趁宋师傅出去买烟的工夫，小宋向我道明了真相。

原来，这两天不单单是自己的家人着急，就连班主任也频频打电话来劝说自己回校学习。可他是真的不想去学校了，一是总有同学嘲笑他斜视，二是成绩差总是让他承负着巨大的压力。双重打击之下，他就没有学习的动力了。

我秒懂了，这是小宋的心理出了问题，如果不及时疏导让他返校，将会给他造成一辈子的遗憾。

我也曾因为别人的嘲笑而煎熬过，那种欲遮其口却适得其反的感受曾让我辗转反侧，一度动过辍学的念头。还好，在家人的开导下，我挺过了那段难熬的时光。

在该接受教育的年纪，就应该珍惜学习的机会。因为一时冲动放弃了学习，日后再想重返学校，就要付出更大的努力。再者，如果辍学打工，又很难在短时间里突破，更可怕的是在一腔热血下把所有的理智通通抛弃。

我把道理说给小宋听，他的回答竟出乎我的意料："如果加上大学，我至少还要再上七年学，而我更想在这七年里赚到 10 万元，然后开家店。"

我语重心长地对他说："七年看起来很长，实际上很短。人的一生远不止一个七年，如果把七年放在人的一生中去比较，那么也许就是弹指一挥间。现在是用功读书的时候，以后赚钱的机会多的是，此时此刻，你背负着家人和老师的期望，千万别任性，任性的另一个解释是自私。"

小宋再度说出了心里的委屈："我就是受不了别人的嘲笑，也受不了成绩给我的压力。"

我笑着问他："你有没有发现，你越是阻止，他们就越是肆无忌惮？不管你大打出手多少次，他们根本不在乎，反而会变本加厉？"

小宋点了点头，眼神里似乎有了一丝光亮。

我接着说："改变别人并不容易，改变自己却容易得多。我们要做的，就是调整好自己的心态，因为一个内心强大的人，是不会被冷眼和嘲笑所羁绊的。想一想，每个人都有自己的生活，别人口中的那些不堪大多只是他们消遣的谈资，人走茶凉后各自都要赶路，所以千万别当真。"

别让你的努力配不上你的野心

小宋露出了久违的笑容。

"至于学习，谁都会有落后的时候，关键是首先我们要战胜自己，就算考了倒数第三，又有什么关系呢？只要每天进步一点点，不奢求全班第一，名次总会一次次靠前。"我又补充道。

我们真正的对手是谁？是名次靠前的尖子生，还是天赋异禀的聪明人？

其实都不是。当我们把目光投射到别人身上的时候，我们最容易忽略的往往是自己。而只有战胜了自己，其他所有的阻碍都会自动夷为平地。

就在小宋走后的第二天，我接到了宋师傅的电话，说小宋又回到学校读书了，并感谢我的劝说和开导。

我说："小宋也是曾经的我，渡人就是渡己。"

那些嘲讽和打击只会让我们变得愈加强大，而我们可以用实力抵挡一切，如果这一切都未能变好，那么一定是还没到最后。

3

电影《霸王别姬》里，有一场戏是关师傅在给徒弟们讲述霸王别姬的故事："西楚霸王何许人也，那是天下无敌的盖世英雄，是横扫千军的勇将猛帅，可是最后却兵败垓下，霸王在四面楚歌声中，叫乌骓马走，乌骓马不走，让虞姬离开，虞姬不离开。虞姬在为霸王舞尽最后一段舞后拔剑自刎，霸王最后也自刎乌江。"

君王意气尽，贱妾何聊生。

关师傅总结出一个道理，每个人都有自己的路要去走，人不能靠别人成全自己，只能靠自己成全自己。就像电影里那句台词所说的一样："要想成为角儿，人得自个儿成全自个儿。"这世间已经够艰难的了，自己都看不起自己，自己都开始放弃了，还有谁愿意伸手拉你一把？

战胜别人很难，相比之下，战胜自己容易得多。当所有人都与自己对立的时候，千万不要忘记，我们还有强大而坚定的内心。

漫长而又艰难的人生道路上，我们都需要一盏灯来照亮自己的路，那盏灯就是自信。

自信是成功的基础，是开启美好人生的钥匙。遇事先别急着否定自己，给自己一次机会。不经历风雨，怎么见彩虹？不去试试，怎么知道自己行不行？

PART5：

只要你还愿意努力，
世界就会给你惊喜

如果拳击运动有诀窍的话，那么这种诀窍就是不停战斗，超越耐力的极限，超越折断的筋骨，破裂的肾脏和脱落的视网膜。这种诀窍是：为了别人无法理解的梦而赌上一切。

——《百万宝贝》

1. 不漂亮不是你的错，放弃变美就是你的错了

1

如烟说，女子天生是公主，就应该骄傲地活着。一个女子任何时候都不要放弃变美的权利，而变美不仅仅是拥有可人的面容和姣好的身材，更是对美的不懈追求。

25 岁那年，我在一家报社工作，桃子姐是我们的主编。桃子姐是苏北人，虽然年近 50 岁了，两个儿子都已经大学毕业，但她对美的追求一刻都没停止过。

刚入职那会儿，因为住得比较远，上下班我都要乘地铁再转公交，每天光花在路上的时间就要两三小时。

一般情况下，报社每个星期一都会开一次例会，很少会有紧急会议。不巧的是，这样的会议让我碰到了。那是一个周末的早晨，我赖在床上睡了个回笼觉。这时，报社打来电话，说是有紧急会议，所有人都要在 9 点之前赶到。无奈，我只有起床。

6 月的天气像调皮的孩子一样喜怒无常，出门时还阳光灿烂，快到报社时就下起了瓢泼大雨。没办法，我顾不上

买早饭，也顾不上买伞，朝着报社的方向一路狂奔。

当我到达报社时，全身都已经湿透，同事调侃说我像一只落汤鸡。腹中饥饿、浑身湿透，我对会议的期待也冷了半截。

临近开会，大部分人都已归位，只有桃子姐还没赶到。听同事说，桃子姐去外地谈一项合作，今天要回来，现在下这么大的雨，不知飞机晚没晚点。

就当我们都在摆弄着潮湿的头发和衣襟时，一个美丽而优雅的女人挎着单肩手提包，踩着高跟鞋大步朝我们走来。不见其人，先闻其声——桃子姐出现在我们面前的时候，我们都惊呆了。这是一种怎样的修养，可以让一个年近 50 岁的女人那么楚楚动人，那么有气场。

谁也没想到，桃子姐刚刚下飞机就赶到了报社。她丝毫没有受到天气的影响。她恰到好处的妆容，精致而美丽；举手投足间的气质，高贵优雅，无不令人羡慕。

原来，桃子姐一直有个习惯，不管去多远的地方旅行或者出差多久，包里总会带着一把夏季伞。这样的夏季伞，既遮阳又避雨。就是这样的细致入微，很少有人能做到。

除了夏季伞，桃子姐还常常像小女生一样跟闺密讨论化妆心得，以及对护肤品的体验。每当饭后，她会习惯性地涂唇膏，洗完手后会涂护手霜。北京天气干，出差前她还要准备好面膜，随时随地补充水分。

连年近 50 岁的桃子姐都懂得如何变美，我们又有什么理由不去改变呢？

这样精致的女人，没人会觉得是"臭美"，更没人会觉得是在浪费金钱。因为，她比任何人都懂得：追求美丽是女人最不该放弃的权利。

2

被时光宠爱的女子，一定是宠爱自己的女子。自己都不懂得爱自己，还奢求别人爱自己吗？

早些年，"外在美"和"内在美"是一个热门话题。

究竟是外在美重要，还是内在美重要？在"颜值控"和"内涵家"喋喋不休地争论下，"内在美"最终压倒式战胜了"外在美"。可是，在与人交往的过程中，初次见面，又有多少人会透过对方不堪的外貌去关注她的内在美？

一个连出门都懒得洗脸的女人，蓬头垢面的样子有谁愿意去接近？

一个连头发都懒得洗的女人，油腻、散发的样子又有多少人会喜欢？

一个不懂得装扮自己，一年到头几套过时的衣服来回穿的女人，纵然读过万卷书，行过万里路，又会引起多少人的注意？

外在美和内在美都是一场修行。

3

著名演员苏菲·玛索说："女人最可悲的不是年华老去，而是在婚姻和平淡生活中的自我迷失。女人可以衰老，但一定要优雅到死，不能让婚姻将女人消磨地失去光泽。"

对此，我深表赞同。

变美，没有结没结婚这一说。

"如果额头终将刻上皱纹，你只能做到不让皱纹刻在你的心上。"电影《中国合伙人》里如是说。

爱自己，是为了在恶劣的环境里坚持变美的权利；爱自己，是为了在困顿的环境里淡定从容，更好地化逆境为顺境。

4

对一个女生而言，比修养、内在更重要的就是注重形象。

我曾在网上看到这样一则新闻，某直播平台签约了一个姑娘，容貌可人，身材姣好，她的出现令无数追求者为之倾倒。

后来，这个直播平台对签约女主播进行了暗访，但眼前的一幕让人瞠目结舌——在一间不算宽敞的房间里，除了女主播所在的范围内是干净的，其他地方都杂乱无章。地上、床上、桌子上、椅子上，甚至是厨房里，堆满了脏兮兮的衣服和鞋子。

当工作人员打开女主播的抽屉，里面是各种零食的碎屑和包装袋，各种不知名的化妆品、香水混在一起。

因为房间的味道实在难闻，工作人员没停留多长时间。临走时，工作人员问这个长得好看却邋遢至极的女主播："难道你没闻到房间里的异味吗？"

女主播质疑道："哪里有什么异味？我没有闻到啊！"

工作人员没再说话，转身离去了。

长期在一个环境里，就会渐渐适应而不觉其中有异，哪怕是一个脏乱差的环境。人们常说，环境之于人的影响是潜移默化的，大抵如此。

这样不惜己，就算有再好看的容貌，有再姣好的身材，又有什么用呢？一个人连自己都照顾不好，还像个孩子一样让人操心，又会有多大的成就呢？

当你变美的时候，这个世界就多了一处靓景。当你优雅地走出门时，一定会有无数人默默地关注你。

所以，任何时候不要放弃变美的权利。

2. 八十岁的老人都在追梦，我们有什么资格说太晚

1

朋友圈里，有一段视频让我非常震撼。

在日本，有一个名叫岩室纯子的八旬老人，她的本职工作是一家饺子店的老板娘，晚上则是东京 DJ 界炙手可热的女王。为此，她还为自己起了个 DJ 艺名：SumiRock。

"我一直觉得，我的人生绝不是以结婚为目的。"岩室纯子说。

虽然岩室纯子的先生比她大 26 岁，但她还是不顾一切地嫁给了他。婚后，她的先生曾这样评价道："她是个爱冒险的人，喜欢危险的东西。"她也坦言："可能也是因为这个原因，我才和他结婚的。"

"在我们相处的这几十年里，我几乎把所有时间都奉献给了他。也因如此，在他过世后，我开始了很多新的人生尝试：考驾照，学英语，去读武藏野美术大学的课程。酷爱法国系电子乐的我，还去了 DJ 学校。"她说。

当时，寄宿在岩室纯子家的法国青年 Adrien 邀请她去

参加一场派对，从小受音乐熏陶的她就对从未接触过的 DJ 产生了兴趣。于是，Adrien 给她联系到了 DJ 老师，她从此开启了自己极为酷炫的晚年生活。

刚开始打碟的时候，岩室纯子遇到了很多阻力，但她有一个特点：从不怕别人指指点点，不在乎别人的目光。

在 DJ 学校的那段时光里，她比谁都勤奋好学，在学校里练，在家里练，直到练出了属于自己的 DJ 风格，就连 30 岁的 DJ MAX 也夸赞她说："年轻 DJ 也打不出这样的音乐，感觉你是一个很懂音乐的人，需要向你学习的东西还有很多。"

难以相信，当开始新的人生尝试的时候，岩室纯子已经 78 岁了。

78 岁时我们会在哪里？不得而知。我们唯一可以想象的是，这个世界上总有人过着我们想要的生活，即使年迈，也依然可以追求梦想。

有演出的日子也跟平时一样，岩室纯子会骑着自行车，下午 4 点之前到达饺子店。到了夜里 11 点饺子店打烊，她会回到家里为自己化妆，穿上华丽的衣裳，紧接着赶往新宿的夜场。

"之后还有两件想做的事：一是重拾大提琴；一是学会骑马。"对于未来的期许，岩室纯子说，"我身上至今还没发现什么疾病，所以，我的愿望是，如果要死的话，要么死在饺子店的料理台上，要么死在 DJ 台上。我最讨厌的是什么都不能做，在医院里躺着等死。"

虽然现在岩室纯子已经 82 岁高龄了，但她从未这样说："我这样的年龄什么是能做的，什么是不能做的。""我已经老了，不可以再折腾了。"甚至，她很享受现在充实而自由的生活，会忽视自己已经老了。

2

从创业至今，李嘉诚一直保持着两个习惯：一是睡觉之前一定要看书。遇到非专业书籍，他会抓重点看；遇到专业书籍，就算再难懂也会把它看完。二是在晚饭之后，一定要看一二十分钟的英文电视。不仅要看，还要跟着大声说，因为他怕落伍。

李嘉诚一直被人津津乐道的就是作息时间：不论几点睡觉，一定在清晨 5 点 59 分闹铃响后起床。随后，听新闻，打一个半小时高尔夫球，然后再去办公室。

这种勤奋和自律，非一般人能比。

今年，长和集团盘后在港交所发布了一个重磅消息：年满 90 岁的香港首富李嘉诚正式宣布退休，其长子李泽钜接任长江集团董事会主席。

实际上，李嘉诚是"退而不休"。虽然他不再担任长江集团的主席，但表示，即便自己退休还会回办公室工作，继续担任高级顾问的职务，并推动教育和医疗条件的改善。

当记者问李嘉诚，90岁了为什么还这么拼的时候，他的眼神里满是坚毅："勤奋是个人成功的要素，所谓一分耕耘，一分收获，一个人所获得的报酬和成果与他所付出的努力是有极大的关系的。运气只是一个小因素，个人的努力才是创造事业的最基本条件。"

李嘉诚90岁仍退而不休，你还有什么理由不努力呢？

3

我始终认为，没机会远比没时间更可怕。毕竟，机会不再，时间再多也无济。

曾有个访谈栏目，主持人问周星驰为什么这么多年一直没结婚，周星驰的回答不是没时间或者年龄大，而是说："我还有机会吗？"

有人说："种下一棵树的最佳时间是十年前，仅次于最佳时间的是现在，你的改变从来都不晚。"

对此，我深表赞同。看看岩室纯子，80岁的老人都在追梦，我们有什么资格说太晚？

我时常听身边的朋友这样抱怨：我都毕业好几年了，再去考研已经晚了；我都已经工作了，再去旅游挤不出时

间了；我都结婚好几年了，再去培养兴趣已经晚了；我都

而立、不惑甚至是知天命了，再去追求梦想已经晚了……

其实，所有的限制都是从我们的内心开始的。我们总是习惯性地把某一个目标标签化，并把它框定在某个年龄段内。可是，这个世界总需要一些"破框性"的思维，把枷锁打断，把自己解放。

4

我认为人与人之间之所以有那么大的差距，很大程度上就是别人总比我们更愿意去尝试。去尝试，还会有改变，有改变，就有逆袭的可能。如果一直犹豫，就只能原地踏步。

有些路走的人多了，看似平坦，实则不好走。有些路，人迹罕至，却永远充满了惊喜。

时光且长，我们总要活出自己想要的模样。

其实，人生并没有太晚的开始，只在于你做与不做，会不会认真地去做。

人生永远没有太晚的开始。

3. 走着走着，前方的路自然就亮了

1

自从做了自媒体后，我经常收到一些读者的留言。其中，有一名女生问过我这样一个问题："我现在刚上大一，听一些考研的学长学姐们说，他们刚上大学的时候就开始备考了，是真的吗？"

我想了想，回复说："的确是这样。"

女生接着问："我也有考研的想法，那我要不要跟他们一样，大一就开始备考呢？"

我没急着回答她的问题，而是跟她说了一个我的故事。

上大学时，我曾担任某个商务英语班的辅导员助理。第一次开班会，我问同学们："大家有没有想过，毕业后自己将会从事什么样的工作？"

大多数人的回答是：当英语老师。

听到这样的答案，我连连摇头，表示并不赞同。有人就站起来说："师范专业不当老师还能干什么呢？"

此话一出，全班哄笑。我却斩钉截铁地说："要不我

们打个赌：毕业后，你们当中的大多数人都不会从事教师行业。"

在当时的他们看来，教师证是学校发的，不需要费多少工夫就可以拿到。放着好好的教师证不用，岂不是落人笑柄？

可结果真如我所说的，有的同学迫于教师行业的就业压力，加入了考研大军；有的同学渐渐发现，自己并不热爱教师这个职业，开始向商务英语的方向发展；甚至，还有的同学考了事业单位、公务员和大学生村官。

女生听完这个故事，顿时茅塞顿开。

我接着说："大学是一个不断改变认知的过程，当你真正到了毕业的节骨眼上，或许会因为中途对考研兴趣减弱，有了更好的选择等因素而改变方向。"

女生随即发了个摊手的表情，有些无奈地说："那我是不是就不用理会，什么都不用做了？"

我顿了顿，说："当你对未来体悟不够深的时候，唯一要做的就是专注眼前，一步一个脚印地把每一步都走好。在摸索的过程中，当你不断地从相关新闻里获得资讯，从学长学姐那里汲取建议，所有的疑问你都会了然于心。"

女生很开心，对大学生活又有了新的期许。后来我才知道，她不仅行动力强，而且学习能力突出，考上研究生不仅是她自己，而且还是家人的愿望。

当我们不知道往哪里走的时候，把眼前的事情做好就是一条明智的道路。慢慢地，我们就知道了自己的定位和未来的方向。

有些人只是异想天开地想去改变世界，妄想充当科幻片里的英雄角色。殊不知，那些不着边际的妄想只是喊口号而已。

把眼前的事情尽力做好，才会有机会受到赏识。把当下的生活尽善尽美，才会有机会进阶成长。

2

有一个职场上的朋友向我讲述了他的苦恼。他说自己刚入职不久，在一家汽车 4S 店做销售工作。

让他苦恼的是，看着经理事业有成，有空就可以带着家人度假旅游，不免有些羡慕嫉妒恨。再看看店里的其他同事，跳槽的跳槽，转行的转行。于是，他更加迷茫了，真不知道到底往哪里走比较好。

我曾做过不少销售工作，对此深有体会。销售工作本身就是一个流动性非常大的职业，要想做到高收入，就一定要脚踏实地，比别人付出更多的努力。

我喜欢讲故事，以事醒人。针对他的疑问，我说起了自己的过去。

高中毕业的那个暑假，我曾做过两个月的电话销售。

当别人犹豫要不要留下来的时候，我已经把话术背得滚瓜烂熟；当别人带着观望的态度熬过前三天的时候，我已经拥有了第一批客户；当别人煎熬了一个星期提出辞职的时候，我已经稳稳地纳入了公司的精英库。

我对他说："现在你刚入职，不妨先熟悉一下业务，提高业务执行能力，一边努力实践，一边预测自己在这个行业的发展前景。如果不出意外的话，坚持下去你是可以脱颖而出的。"

听了我的建议，他比以前坚定了很多，懂得了一味地随波逐流不可能找到自己的定位。后来，他开始崭露头角，业绩有了稳步的提升。

当一切未知的时候，把眼前的事情做好比什么都重要。最遗憾的莫过于，随波逐流地跟随别人的步伐却迷失了自己，还幻想一步登天，唾手得到别人的成功。

3

卢思浩在《离开前请叫醒我》中说：

"如果你不知道自己想做什么，就先把身边的事做好；不知道自己能去哪里，就先走好现在的路；不知道自己会遇到谁，就先学会善待身边的人；不知道现在做的有没有意义，至少先确定自己不是什么都没做。迷雾里你或许只能看见眼前的 5 米，但这一步一步走下来，雾就会慢慢散了。等待和拖延只会夺走你的动力。"

所有的成功都是行动的结果，而行动并非盲目的突撞，而是通过切实的摸索和考量才得以付诸实践。

学校中人，就专心学好知识；职场中人，就努力提高自身的水平；恋爱中人，就珍惜眼前的幸福；婚姻中人，就尽己所能，爱己所爱。

史玉柱说："什么是人才？人才就是，你交给他一件事，他做成了；你再交给他一件事，他又做成了。"

所以，一个人的成功绝不是偶然的，而是超强的行动力、团队协调能力、营销能力、沟通能力等的综合。

如果不知道未来会发生什么，那就一往无前地跑下去，总有一天你会看到破晓后的黎明。

毕竟，我们需要的是义无反顾，而不是原地踏步。

别让你的努力配不上你的野心

4. 跳出舒适圈后，我真的变成了超人

1

刚来公司那会儿，我写过很多文案。

那年国庆节前夕，整个公司都弥漫着一种异常活跃的气息，就连平日里严肃的老板，在电梯里碰到我的时候，眼神也温和了许多。

临近下班，在我工作收尾的时候，萧默出现在我面前。"马上下班了，一起吃饭撸串啊？"他说话一股东北腔，嚼着口香糖斜视着我。

"去哪儿？"我忙得几乎顾不上抬头。

"还能去哪儿，老地方呗。"

"看到没？我处理完这些工作可能还要一个小时呢。"我指了指电脑屏幕。

"别写了，放七天假还不够你写的？"他提高了音调。

我正要反驳，只听见一片欢呼声："放假啦！回家啦！呜呼……"萧默用蔑视的眼神看着我，说："看到没？都放假了，你还要加班？"

20分钟后，我和萧默在楼下的烧烤店里入了座。这一顿胡吃海喝，我俩都是扶着墙回去的。我回到家，已是凌晨一点。

　　我原以为国庆长假可以静下心来完成最后一点工作，哪知道计划赶不上变化，再加上自己不够争气，闲暇时光全被聚餐、追剧和琐事霸占了。

　　有时候，我真的挺恨自己的。

　　"聚餐多爽啊，自由自在的，还可以增强友谊。追剧多嗨啊，没有压力，放松心情真爽。"我常常这样自我安慰，事实上，快成废人的我这样做就是在麻痹自己。

　　电影《肖申克的救赎》里说："监狱里的高墙实在是很有趣。刚入狱的时候，你痛恨周围的高墙，慢慢地，你习惯了生活在其中，最终你会发现，自己不得不依靠它而生存。"

　　这种高墙，就是我们不愿跳出的舒适圈。

　　节后回到公司，我发现自己的身体好像被掏空了，该有的锻炼舍弃了，该上的网课也中断了，甚至那些早已构思好的文案都忘得一干二净。

　　痛定思痛，我再也不想追求短暂的舒适了。为了璀璨的明天，还有更有意义的事情等着我去做，更有价值的生活等着我去体验。

2

《我的前半生》里说："不愿舍弃的舒适，正在腐蚀掉你的后半生。"看着那些远比你成功的人比你还努力，你是继续沉沦，还是撸起袖子加油干呢？

管理学中有一个著名的"三八理论"，说的是普通人的一天应该分为"三个八"：8 小时的工作时间，8 小时的休息时间，以及 8 小时的业务时间。

所有人都有 24 小时，但其中有 8 小时是空闲的。而真正想提高人生价值，就看你是否能珍视这 8 小时。换句话说，如何利用这 8 小时决定了未来的你将成为什么样的人。

那些成功者的身后，一定饱含着不为人知的努力。

在网上看到这样一组数字：如果一个人 25 岁进入职场，65 岁时不得不退休，那么，如果一生工作 40 年，他约有 35 万小时；如果每周工作 40 小时，一年 52 周，上班时间约为 8 万小时；吃喝拉撒睡占去的时间约为 11 万小时；剩下的业余时间约为 15 万小时，约为上班时间的 2 倍。

可见，对于上班族来说，那么充足的业余时间才是应该真正利用起来的。而是否愿意舍弃下班后的舒适去充实自己，决定了我们能否走得更远。

3

好友景田是一名舞蹈老师，现已从事舞蹈工作8年。令人钦佩的是，这么一位蹁跹婀娜、亭亭玉立的姑娘，身兼美食店和舞蹈机构的老板。

景田说，除了上课，她还是一个十足的吃货。她经常背着包国内国外的旅游，每到一个地方，都会把当地的小吃吃个遍。

工作之余，不管多么累，她都在酝酿美食店的开业。选址、投资、装修、招聘、管理等方面，她都做了详细的打算。

说干就干，一切准备就绪后，她的美食店隆重开业了。由于小吃种类繁多，又物美价廉，第一天就吸引了大量顾客。后来小吃店的美名一传十、十传百，生意越来越红火。

而如今，美食店只是景田的副业。去年上半年，她还创办了一家舞蹈培训班，在她的管理之下，培训班的事业也蒸蒸日上。

我认识的另一个文友晓泉，他是一家公司的市场BD，经过多年的摸爬滚打，成了一名资深业务员。除了业务上的精进，他骨子里也一直对文学情有独钟。于是，他把工作以外的时间用来读书写作，还要求自己每晚做读书笔记。

后来，随着他的文字越来越充盈、饱满，有不少报刊邀请他写专栏，他也抓住了纸媒最后的黄金时代。他常说的一句话就是，一点一滴的量变可以换来人生的质变。

4

打开朋友圈，常被"诗和远方"刷屏，眼前的苟且却无处安放。殊不知，我们一味地追求"诗和远方"，如若不干掉眼前的苟且，未来就会有更多的苟且不请自来。

有的人舍弃了短暂的舒适追求着明天，有的人贪图舒适却会在被淘汰后时时处处抱怨。看看他们，再看看自己，别人比你优秀是因为比你努力，别人比你成功是因为比你上进，你还有什么好抱怨的？

搜狐总裁张朝阳说："我只是一个平凡的人，我没有发现自己和别人有什么大的不同。如果说有不同，那就是我每天除了平均 7 个小时的睡眠时间外，其他的时间都在工作和思考。"

工作劳身，思考劳神，可只贪图舒适，哪来的逆袭？

著名畅销书作家斯宾塞·约翰逊在《谁动了我的奶酪》中劝诫世人："每个人都要给自己一点危机感。因为生活永远在变化中，而变化就意味着危机。别以为目前的舒适是一种享受，享受惯了这种舒适，你也就变成了呆子、傻子，最终必将一事无成。"

斯宾塞·约翰逊一语中的，当下社会所缺失的就是这种危机感。

5

为什么有的人很早就获得了成功，而有的人成功时已是白发苍苍，甚至终生一无所成？抛开先天资源、发展机遇、个人能力等因素，我认为是否愿意舍弃舒适、时刻不忘努力起了至关重要的作用。

一个人要想出类拔萃，就必须舍弃短暂的舒适，一鼓作气地去追逐理想。

别人逛街，你不甘孤独，于是一同前往。

别人网游，你不甘落伍，于是通宵达旦。

别人恋爱，你不甘寂寞，于是搭讪、物色……

这样盲目追随的结果，除了一无是处，还会有什么？

古人常说："人往高处走，水往低处流。"人一旦求低而不求高，那就不是流了，而是一泻千里！一味贪图舒适的你，为什么不能跟大家一起跳出舒适圈，做一个雷厉风行的超人呢？

5. 仪式感，是一辈子的常备药

1

认识一涵是在一次聚会上。当我们交谈正欢、酒意正浓的时候，他却起身向我们道别。

为什么要急着回去？众人不解。一涵一边憨笑，一边说，他和爱人有个约定，周末要赶在 10 点之前回家，还要赶在烘焙店打烊前买上一块儿爱人最爱吃的抹茶蛋糕。

我看了看手表，时间已到 9 点 30 分。

连女生都啧啧称赞，说这样疼老婆的好男人实在太难得了。事实也证明，一涵的爱情是甜蜜的，时间越长，两人越觉得彼此分不开。

一时间，这个外表刚毅，内心却温柔似水的男人成了众人效仿的对象。

常常听别人提起"三年之痒""七年之痒"，可一涵和爱人顺利平稳地度过了"十年之痒"。

有一次，我问一涵爱情保鲜的秘诀，他只用三个字概括了全部，那就是"仪式感"。

一个真正懂爱的男人，也一定懂仪式感对女人来说有多么重要——到了情人节和纪念日，一涵总会制造一些小浪漫，比如演唱会门票、旅游机票、烛光晚餐等。

一涵说，这些小浪漫他虽然没有大张旗鼓地表达出来，对妻子的爱意却丝毫未减。哪怕是再普通不过的仪式感，都足以让两人提前一个月去期待，剩余三百多天去回味，想想都会很开心。

不管白天有多忙，有多累，到了结婚纪念日那天，一涵和妻子一定会盛装出席。他会点上蜡烛，启开红酒，说一些当年恋爱时常说的情话。那一刻，他们仿佛回到了从前，爱情在不断升温，爱意在不断发酵，两人的眼神里满是柔情，所有的劳累都一扫而光。

除了情人节和纪念日，他们还会在平淡的生活里经常制造一些小惊喜。比如，每天他们一起听 10 分钟的音乐，依偎在一起追一部剧，下班后彼此要拥抱 5 分钟。临睡前，一涵会用公主抱把妻子抱上床。

好的婚姻都需要仪式感，而这可以向对方证明，你在用心维系着一段感情，用心经营着两人的生活。

这样的爱情从不需要用"如果爱，请深爱"或者"好男人不会让心爱的女人受一点点伤"来约束彼此，因为有了仪式感，再平淡的日子也会充满期待，再枯燥的生活也会感动不断。

2

美剧《绝望的主妇》里有句台词是这样说的："无论身心多么疲惫，我们都必须保持浪漫的感觉，形式主义虽然不怎么棒，但总比懒得走过场要好得多。"

优质的婚姻一定是建立在精神满足之上的。一个人孤独终老并不可怕，可怕的是，那个要陪你度过余生的人，带给你的只有独孤。

罗振宇在一次跨年演讲中说："我心里明白，你们来到这里哪里是来听什么跨年演讲，你们是用一种特殊的方式来度过自己的 2017，给自己的人生树立一个和周边其他人不太一样的界碑。"

其实，罗振宇提到的"特殊的方式"，就是一种有别于常日里的仪式感。

3

《小王子》里说："仪式感就是使某一天与其他日子不同，使某一时刻与其他时刻不同。"

在这个充满梦幻与童真的童话里，小王子驯养了一只等爱的狐狸，并答应第二天再去看望它。

"你每天最好在相同的时间来。"狐狸说，"比如说，你下午4点钟来，那么从3点钟起，我就开始感到幸福，时间越临近我就越感到幸福。到了4点钟的时候，我就会坐立不安，我会发现幸福的代价。但是，如果你随便什么时候来，我就不知道在什么时候准备好迎接你的心情了……应当有一定的仪式。"

紧接着，小王子问："仪式是什么？"

狐狸回答道："它就是使某一天与其他日子不同，使某一时刻与其他时刻不同。比如说，我的那些猎人就有一种仪式，他们每星期四都和村子里的姑娘跳舞。于是，星期四就是一个美好的日子，我可以一直散步到葡萄园里。如果猎人什么时候都跳舞，天天全都一样，那么我也就没有假日了。"

看，看似并不起眼的仪式感，却能够在我们忙碌、疲惫的时候，最大限度地改善我们的精神状态，从而使我们更加热情地迎接未来。

4

前段时间我看到一段话，不觉因之落泪："至亲离去的那一瞬间通常不会使人感到悲伤，而真正会让你感到悲痛的，是打开冰箱的那半盒牛奶、那窗台上随风微曳的绿筝、那安静折叠在床上的绒被，还有那深夜里洗衣机传来的阵阵喧哗。"

很多时候，我们都没意识到自己对一个人的思念有多深，直到某个瞬间。在某种特别的场景里，或者某种仪式感强烈的环境下，我们每个人的内心都会变得柔软起来。

就拿婚礼来说，其实重点不在于"婚"，而在于"礼"。"礼"在中国古代被用于定亲疏，决嫌疑，别同异，明是非。

同样是"礼"字，放到现在来看就是一种仪式感——一旦举行了婚礼，就不能再像恋爱时那样吵吵闹闹，分分合合了。

一场成功的婚礼，总能让婚姻双方最大限度地加深对婚礼当天的情景，即使以后有矛盾，有磨合，也忘不了那年那天许下的婚誓。

真是遗憾，我身边有很多人都不重视纪念日，甚至还引以为豪地说自己太忙了，都忘记了纪念日是在哪一天。

5

前不久，我采访作家晗翌，她坦白，她的男朋友非常不屑在纪念日送她礼物，或者在她过生日的时候对她说生日快乐。

男朋友觉得这种事太"虚"了，为此，他们还争执了好久。末了，男朋友还来了句，总是套路得人心。在他看来，这些礼物和祝福都是套路。

可在晗翌看来，一段感情，如果没有一点仪式感，终究会被琐碎的生活消磨得一干二净。仪式感不是套路，而是对彼此的重视，它也不是一个简单的形式，而是一个过程，一个需要你用心投入的过程。

为什么要把钻戒装在小盒子里呢？那是因为，打开小盒子，钻戒才会折射出光芒；关上小盒子，还会伴随着砰的一声，就像加快的心跳。

是仪式感让我们把每件事都做成了值得回味的纪念版。

6. 哪有什么怀才不遇，分明是你实力不济

1

再次遇到子聪是在一班地铁上，只见他一脸的疲惫，说是又准备换工作，最近在面试。

我一听就觉得不对劲，上次相遇，他不就说自己在找工作吗？半年过去了，怎么还没找到工作？真是不可思议。

还没等我开口，子聪主动解释说："我只是想找一家

可以施展才华的公司，一家可以被领导重视、不被埋没的公司。"

然后，子聪望了望别处，接着说："如果找不到，我宁可这么一直找下去。"

我一听，就找到了子聪待业的原因。谁不想找到自己热爱的工作，实现自我价值呢？这一点并没错，可子聪的错就在于，他一味地夜郎自大，没有真才实学却样样瞧不起。到后来，他宁可四处碰壁，头破血流，也不愿意安顿下来，踏踏实实地努力。

说白了，子聪就是自视过高。

我还认识一个老乡，几年前考上了老家的公务员，后来觉得自己的专业知识得不到发挥，就索性辞职跟几个朋友开了家广告公司。

事实上，创业并没有他想象中的那么顺利，因为市场竞争激烈，客户不稳定，所以，没开几个月公司就关门了。

再后来，老乡买了去广州的火车票，在天河区的一栋写字楼里做设计员。收入微薄，窘迫的日子越来越多，他不免怨天尤人，抱怨领导对他不重视，每次都把不起眼的小活儿扔给他。

老乡觉得自己怀才不遇，对待工作越发消极、抵触，于是他开始在背地里说老板的坏话，还把这种不良情绪散发到朋友圈里。

我一看，这样下去准没好事。

再不起眼的工作，也是公司运转不可或缺的一部分，只要用心去做，领导早晚会看到。再微不足道的工作，也是对自我能力的考验，只要下了功夫，也一定会与众不同。

果然不出我所料，老乡一次次辞职，辗转了好几个城市都没有找到所谓"合适"的工作。

2

其实，在这个互联网高度发达，自媒体、APP纷纷涌起的时代，机会无处不在。

这是最好的时代，通过网络，我们要比以往更能实现自己的想法——说自己生不逢时，怀才不遇，不过是对自己实力不济的掩饰罢了。

我认识一个带有两个孩子的宝妈，她把带孩子的空闲时间全部用在了学习上。为了可以更加专注，她放弃了聚会、出游、逛街等一切社交或个人活动，专心沉浸于看书、写作和听课。

后来，她的文章陆续被一些报刊和网络平台转载，一些热门的网课平台也邀请她担任讲师。她抓住机会，在去年4月份注册了公众号，如今已是数十万粉丝的大号。

网上流传这样一句话："怀才和怀孕是一样的，只要有了，早晚会被看出来。有人怀才不遇，是因为怀得不够大。"

对此，我深信不疑。

我突然想起了一个故事：一个年轻人觉得自己怀才不遇，常常郁闷至极。有位智者找到他，随即把一粒沙子扔在沙滩上，说："请把它找回来。"

"这怎么可能！"年轻人望而却步。

接着，智者又把一颗珍珠扔到沙滩上："那现在呢？珍珠能找回来吗？"

年轻人沉默了。

智者接着说："如果你只是沙滩中的一粒沙，那你不能苛求别人注意你，认可你。如果你是珍珠，那就不同了。"

所以，从某种角度来说，怀才不遇和没能力是没什么区别的。那些才华横溢的人不会被这个社会所埋没，而才疏学浅的人终将被这个社会所淘汰。

3

看过《玫瑰人生》的人，都会被女主人公的魅力所折服。

艾迪丝·皮雅芙是一个杂技演员兼街头歌手的女儿，因为家境贫寒，她靠着街头卖唱起家，最终登上了纽约卡耐基音乐厅，成为一代香颂女王。

世上经常发生怀才不遇的事，如果你感觉自己也是如此，那一定是你才华不够，实力不济。艾迪丝·皮雅芙并没有因为出身卑微和现实的困境而失去光泽，相反，她靠着努力获得了人生的成功。

一个真正有才华的人，总会有贵人相助和高人指点，即使没有，自己也永远是自己的救世主。

我非常喜欢《是你自己不努力，说什么怀才不遇》一书里的一段话：

"说了那么多，无非是想表达人生苦短，去做你想做的事，成为你想成为的人。你知道吗？很多时候你之所以没有成功，是因为你不想成功。你成功的欲念不够强烈，所以失败才成了人生常态，平庸才成了人生常态。问问自己，你一天当中最想做什么，哪一个排在最前面，那个最想做的事才会成就你。"

要想被人发现、赏识，首先得让自己成为闪闪发光的金子。同理，一个真正实力出众的人，是不会说自己怀才不遇的。

也许你曾经绝望过，也逃避过，但你要相信，在经过一番努力之后，所有成就都会纷至沓来，一切都会慢慢变成自己想要的样子。

最快乐的事情，莫过于经过一番努力之后，一切慢慢变成自己想要的模样。

PART6：

愿你我都可以活成偶像的模样

我等这个机会等了三年，不是为了证
明我比别人强，只是要证明我失去的东西，
我一定要夺回来。

——《英雄本色》

1. 真正热爱的事情，哪里用得上坚持啊！

1

周末到朋友大壮家做客，他说女儿也在家里，我就顺便买了些水果和甜点。

还没到大壮家，在楼下我就听到一段悠扬的钢琴声。我不由得放慢了脚步，真想马上就知道这妙不可言的琴声出自谁手。

我按了门铃，大壮笑颜相迎，回过头向里屋喊了一句："琳琳，叔叔来了，快来快来。"

琴声戛然而止，一个扎着羊角辫，穿着格子裙的小女孩跑了出来。这时我才发觉，是大壮女儿在弹琴。

那时晚上，我和大壮聊得很尽兴，琳琳只在客厅待了一小会儿就回里屋了，琴声再次响起。

我不免有些好奇。试想，一个刚满 10 岁的小女孩，放学后不出去玩，不看电视，也不追着大壮要手机，甘愿把时间用在练琴上，那是该有多自律。最好奇的是，大壮从未逼迫过女儿，因为热爱，一切都自然而然地发生了。

别让你的努力配不上你的野心

我问大壮："琳琳是每天都会这样埋头练琴吗？"

大壮往里屋的方向望了望，似乎怕影响到琳琳，说："是啊，她很喜欢练琴。为了培养她的兴趣，我攒了好几个月的工资买了这台琴，又花了不少钱给她报兴趣班。"

大壮扶了扶眼镜，接着说："只要她愿意学，我就愿意培养她。"

一个孩子的成长，跟原生家庭的环境有很大关系。就拿大壮一家来说，女儿琳琳从小就受到了家庭的良好熏陶；而他的妻子是一名老师，常常需要备课，无形中就给孩子营造了一种书香氛围。

大壮还告诉我，琳琳的梦想是成为一名钢琴家或者作家，因为除了练琴，她还很喜欢看书——当同龄人还在看童话故事的时候，她早就把四大名著看完了，现在正在看外国名著。

在此之前，我曾见过大多数孩子之所以学琴，都是在家人的哄劝下，甚至是强拉硬拽下进行的。而琳琳则不同，她没有被哄劝，更没有被强拉硬拽，用她自己的话来说是："我早已把音乐融入到我的生活中，就像吃饭睡觉一样，一日不练就心里空空的，总觉得少了些什么。"

自己真正热爱的事情，哪里还需要坚持，只需要享受过程就好了。一个人之所以对现有的事物产生抵触，一定是不够热爱，仅此而已。

因为热爱，所以主动。因为主动，所以成功。

2

近半年的时间里，我的朋友圈里总会出现郝丽健身的照片。

大学毕业后，为了追随男友，郝丽来到了北京。无奈男友很快就明目张胆地移情别恋了，于是在偌大的北京城，她变成了孤独一人。

其实，让郝丽痛心的不只是渣男的背叛，还有男友周围的人挖苦她是永远不会有人要的"土肥圆"。

痛定思痛，郝丽开始健身。

都说健身重在坚持，不坚持下去很难有所改变。自从办了健身卡后，郝丽就常常一身运动装，一直练到浑身湿透。健身的过程是极其孤独和煎熬的，好在，她一路挺了过来。不知有多少个想要放弃的瞬间，前男友的嘲讽立马回荡在耳边，即使再累，她也要练到筋疲力尽。

半年的持续健身，让郝丽的身材有了明显的改变。曾让她梦寐以求的 A4 腰和人鱼线也争气地显现了出来。

我翻开郝丽的朋友圈，一张张挥汗如雨的照片记录着她的倔强，她的不甘，她的无路可退，她的涅槃重生。

直到有一天，郝丽已经足够有资格耀出身材，走在大

别让你的努力配不上你的野心

街上连其他美女都会多看两眼的时候，她始终还没有停下来的意思。

有一次，我问她："都已经这么苗条了，再练两条腿就变成筷子了。"

郝丽说的话，让我记忆犹新。"当初健身，我是活在别人的眼里；而现在，我是活给自己看。"停顿了几秒，她接着说，"虽然起步很煎熬，但练着练着，我发觉自己已经从原来的坚持变成了享受，我很享受健身带给自己的快乐，让我放弃健身根本不可能。"

是热爱唤醒了郝丽的无限潜力，让她拥有了源源不断的能量。如今，她在健身路上越走越远，看着她每天精力充沛、快乐、满足的样子，我也深受鼓舞。

当初的"土肥原"渐渐变成了人人艳羡的精致女，是热爱造就了这一切。

有些事情不去改变，就只能止步不前。也许第一次撑开的拉力器，第一次举起的杠铃，第一次跑过的5公里会让你无法适应，但只要你坚持下去，追随自己的内心到最后，总会成就更好的自己。

3

有一个姑娘给我留言："别人都说写作可以获得快乐，

可为什么我坚持了这么久，更多的都是打击和挫折？"

这是每一个文友在写作起步阶段都会遇到的问题。

对于写作，没有大量的输入，就没有理想的输出；没有大量的练习，就无法熟能生巧地驾驭；没有持之以恒的决心，就不会看到开花结果。诚然，输入、练习和决心都重要，但最容易忽略一点的是，没有搞清楚坚持和享受的区别。

是坚持，还是兴趣使然，享受其中，对做任何一件事都很重要，尤其是写作。

写作枯燥在于输入不够，文字粗糙在于练习不够，没有收获在于恒心不够，而没有兴趣作为向导，即使再怎么坚持也会有崩溃的那一天。

说到底，就是没有 get 到那个点，一个一旦触及就可以停不下来的兴奋点。

面对姑娘的提问，我反问道："对于写作，你是真的热爱吗？还是为了博人眼球，或是随波逐流？"

姑娘反思了很久，半晌才回复我说："我想我是真的有些急功近利了，我会慢慢培养写作兴趣的。"

我说："这就对了，谁不曾有过写作时的寂寞与煎熬，不要怕没人看，不要怕被退稿，更不要被所谓的速度消磨了你对写作最初的热爱。"

米哈里·希斯赞特米哈伊在其著作《创造力》里写道：

"当你在全身心投入一件你所热爱的事情时，往往会自动抗拒干扰，同时内心会产生高度的兴奋及充实感。"

米哈里把这种现象定义为"心流"。

真正热爱的事情，会在你的内心产生一种心流的感觉，就像是初恋时的甜蜜触电，一旦开始，就会永远不知疲倦。

2. 那些你读过的书，终会照亮自己未来的路

1

前段时间，98 版《三国演义》中的一段视频燃爆了朋友圈。

视频呈现的是刘备初遇关羽和张飞时，感慨自己半生孤零，如今终于找到志同道合之人，想要和关、张二人结拜为兄弟。

关羽好读书，看到刘备的真诚流露，慷慨陈词道："关某虽一介武夫，亦颇知忠义二字。今遇刘兄，正所谓择木之禽得栖良木，择主之臣得遇明主：关某平生之愿足矣。从今往后，关某之命即是刘兄之命，关某之躯即为刘兄之躯，但凭驱使，绝无二心！"

张飞听了也颇为感动，但因为词穷无法表达其意，于是只能说一句："俺也一样！"

接着，关羽说："某誓与兄，患难与共，终身相伴，生死相随。"张飞又随之附和："俺也一样！"

这时，刘备被关羽的话感动得泪流满面，两人双手相握，关羽又说："有渝此言，天人共戮之。"再看张飞，还是那句："俺也一样！"

在所有评论当中，获赞最多的一条评论则是："心疼张飞，这就是读书与不读书的差别！"是啊，一句"俺也一样"让张飞疏于学习、腹中无墨的形象一览无余，同时也突出了关羽的文武双全和妙语连珠。

我们为什么要读书？

毛姆在《人生的枷锁》中说道："一来是为了寻求乐趣，因为读书是一种习惯，不读书就像我不抽烟那样难过。二来是为了了解我自己。"

读不读书，不在于处在多高的地位，拥有多少财富，取得了多大的成就，而在于知识多充实，人生多有品位，精神多富足。就像关羽和张飞两人，即使不论年龄，单就文化程度来说就能判定谁是兄长。

2

至今我还非常庆幸自己一直没放弃读书。

初二那年，因为成绩不够理想，再加上家人给我施加了过大的压力，我一度产生了厌学情绪。

家人看我无心读书，于是就有了让我学门手艺的念头。尤其是我的父亲，在一个专修电动工具师傅的劝说下，大步流星地赶回家对我说："别上学了，成绩这么差劲还上什么，我有个专修电动工具的熟人正在招学徒，明天我就带你去。"

我从未想过有一天自己会辍学，要早早地离开学生队伍。那一刻，我想到的是发小辍学一年后又回校读书，口口声声地说，读书的时候他哪知打工的艰辛，他宁愿一辈子待在学校，也不要灰头土脸地去打工。

我立在那里很久，如鲠在喉。那晚，我第一次失眠。我只听到窗前的桑树沙沙作响，夏蝉也莫名地发出一声声"完了"……

第二天早上，我翻了翻作业本却没带走，摸了摸书包也没再背起。我小心翼翼地跟在父亲身后，朝着和学校相反的地方越走越远。

连父亲也没想到，我从见到修理师傅到离开还不到两个小时。在这近两个小时的时间里，我的内心非常煎熬。

看看堆满工具、狭小不堪的店面，看看修理师傅穿着满是油渍的衣服，再看看染着黄毛、嘴里吐着烟圈、吊儿郎当的"师兄弟"，我觉得我的人生还有上升的可能性，不应该就这么草率地放弃学习。

"读书有啥用？你看那个某某某，人家初中学历不是照样挣大钱！"

"成绩再好有什么用，出来还不是照样得找工作？"

"女孩子读那么多书干吗？还不如嫁个好人家，一辈子吃喝不愁。"

从小到大，这样的声音不绝于耳。

读书是一个漫长的过程，它所带来的回报不会立马出现。但这并不影响读书给予人知识上的储备，精神上的升华以及思想上的觉悟。

3

放弃的理由有千万种，坚持下去的理由只需要一个，那就是读书真的可以改变命运。

我不想回到老家看到同乡人穿着散发异味的衣服，随意地坐在路边的树桩上抽烟；不想看到同乡人不懂食物搭配，吃着油重盐重的大杂烩，最后患上各种心脑血管疾病；

不想看到同乡人不会说普通话，操着土话骂街；更不愿看到还未到成婚的年纪就嫁为人妇的女人们，床头喂奶，床尾家务，还时不时受到丈夫的打骂和邻里的欺负……

人们常说，读书决定眼界，眼界决定格局，格局决定命运。那些反复强调"读书无用"的人，总是习惯用平凡可贵来掩饰自己的碌碌无为。

强调"读书无用"的人，不但自己放弃了读书的权利，还怂恿别人放弃。等你受其蛊惑，再想逃脱就为时已晚了。到时，叫天天不应，叫地地不灵，把一辈子最好的读书时光耗尽了。

4

读书和不读书的差别，究竟在哪里呢？

网上有这样一个让人忍俊不禁的段子：当你站在湖边看到夕阳余晖时，别人会吟诵诗词"落霞与孤鹜齐飞，秋水共长天一色"，而你只会说："好看，太好看了。"

别人失恋时会摘引诗句："人生若只如初见，何事秋风悲画扇。等闲变却故人心，却道故人心易变。"而你只会说："蓝瘦，香菇（难受，想哭）！"

当你和朋友对席而坐，朋友会说："此茶汤色澄红透亮，气味幽香如兰，口感饱满纯正，圆润如诗，回味甘醇，齿颊留芳，韵味十足，顿觉如梦似幻，仿佛天上人间，真乃茶中极品！"而你只会说："茶不赖！"

俗话说："书到用时方恨少，事非经过不知难。"苏轼有诗云："旧书不厌百回读，熟读深思子自知。"唐王紫苏也说："读书在于觉悟。博学生睿智，善思出良谋。"

读书不仅是为了离那些智慧近一点，也是为了离那个无知、浅显的自己远一点。

毋庸置疑，喜欢读书的、善于读书的人，往往拥有更强的学习能力、更佳的思维方式以及更好的自律性。最重要的一点是，读书会给人希望，给已跌入低谷的人以绝地反击的勇气。

那些你读过的书，终会照亮自己未来的路。

3. 人生不怕走得慢，就怕走错路

1

我有一个电视台的朋友，她跟我说起过这么一件事。

单位有一个负责文案的姑娘，20岁出头的样子，有着俊俏的脸庞，172厘米的高挑身材，连女同事见了都忍不

别让你的努力配不上你的野心

住会多看两眼。按说，一个姑娘刚刚大学毕业，在电视台
里有一份稳定的工作，没有风吹日晒的苦，应该满足了。
但这个姑娘一直想离开。

后来从领导口里得知，当初姑娘来电视台并非她本人
的意愿，而是她的家人托关系进来的。她的兴趣不在文案，
而在跳舞上，尤其是爵士舞和拉丁舞。打小就喜欢舞蹈的
她，希望有一天成为舞蹈老师，集兴趣和职业于一身。

虽然已经开始上班了，但她不想就这么妥协下去，于
是，工作之余她就在舞蹈班当助教，朋友圈里发的全是舞
蹈照片。不知从什么时候开始，她对待工作敷衍了起来，
她的文案水平一次不如一次，测评成绩也越来越差。

工作不顺心的时候，她就喜欢找我的那个朋友聊天。
她不止一次地说，自己实在不想待下去了，本来就专业不
对口，更何况自己一点都不感兴趣。但如果辞职了，又怕
家人会生气。

姑娘的苦楚，朋友也都看在眼里，但那姑娘始终没找
到合适的方式离开。直到有一天，她过生日，同事们提议
到她家为她庆祝，这才有机会跟她的家人沟通，最后她如
愿以偿地争得了家人的同意。

没过几个月，她就考到了舞蹈从教的资格证书，被一
家大型舞蹈学校录取了。

后来，我有幸认识了这个姑娘，就好奇地问她："当

初为什么要放弃一份稳定的工作？"

她回答道："与其在一个环境里不开心，不如换个环境从事自己真正热爱的事情，哪怕过程很漫长。"

上下班的路上，我和她常常在地铁里相遇，看着她头发汗湿却满脸笑容的样子，真的为她感觉骄傲。

2

一旦确定了某个目标，就不怕路途漫长，怕就怕选择了错误的方向。"南辕北辙"讲述的就是这个道理：一个人要乘车到楚国去，哪怕马匹再精良，马夫再善于驾车，一旦选错了方向，只能离楚国越来越远。

成长的路上，有几个关键的转折点，我们需要三思。

高二那会儿，很多同学因为成绩不好而选择了艺考。艺考对文化课的成绩要求不高，只要艺术成绩过关，在文化课上稍微加把劲儿，就不愁考不上大学。

为了扩大影响力，合肥某个艺校还专门在学校门口设了一个招生点。对很多同学来说，这是一个机会，也是一种诱惑。

那时的我，成绩一直忽高忽低，艺校来招生的那段时间，成绩还出现了滑铁卢。看着别人陆陆续续地报了艺考，我也有些犹豫了。

报艺考，就意味着可选的专业变少了，专业不喜欢，毕业后也不好找工作，还要掏上一大笔学费，那还不如踏踏实实地学习，靠文化课杀出一条血路来。

当我不再犹豫，下定决心走原来的路时，我的斗志前所未有地高昂了。我就这样一步一步地往上爬，没有捷径，只有踏踏实实地努力。我不怕路途走得慢，不怕前途不明朗，只要一直在路上，跪着也要走完。

事实证明，我靠文化课也照样可以考上满意的大学，选自己喜欢的专业，从事自己喜欢的职业，一切都遵循着自己的内心走。

3

《从前慢》里这样写道："从前的日色变得慢，车、马、邮件都慢，一生只够爱一个人。"可如今，人们一再地追求速度，甚至变得有些贪婪。

有的人不管时间允不允许，就给自己或者孩子报很多兴趣班，但去了几次就再也没去过；有的人不管平时能不能用到，在手机里安装了各种软件，直到内存被占满；有的人不管工作是否喜欢，只要能赚钱，宁愿舍弃一切；还有的人一心想占有那个 TA，为此付出了惨痛的代价……

米兰·昆德拉说："现代社会是一个被速度之魔所裹

挟的社会，所有的东西都只为让人们提高速度，但是大家没有停下来想一想，到底要到哪儿去，到底要做什么。"

那些为速度而速度，为效率而效率的人，最后干了很多无关紧要的事情，真正应该干的事情反而被搁置了。

一个人的成长，应该像竹子一样，虽然用了 4 年的时间只长了 3 厘米，但厚积薄发的力量是巨大的。从第 5 年开始，竹子就可以以 30 厘米一天的速度疯狂生长，不到 6 周的时间就可以长到 15 米。

其实，在前面的 4 年，竹子的根在土壤里延伸了数百平方米。所以，不要担心此时此刻的付出得不到回报，因为这些付出都是为了扎根地下，总有一天会一鸣惊人。

4

有时我会想，这个世界究竟是怎么了？为什么人们会变得越来越陌生，越来越迷惘？一定是因为我们太浮躁了。

浮躁哪里是速度的催化剂，分明是那块蒙蔽我们的双眼，直到我们被撞得头破血流的破布纱。

董成鹏曾在文章《一张没有人买的专辑》里写道：

"有梦想不代表有能力，如果误解这一点，就会很痛苦。就好像我看到很多选秀节目中，一些选手明明唱得很一般，依然高呼'我不会放弃我的音乐梦想'，我不觉得

这是感人的。其实他们不知道，与其在错误的路上一直向
前，还不如停下来，哪怕不走都是进步。"

选择正确了，再远的路你都会笑着走完；选择错误了，
再近的路你也会度日如年。不得不承认，在绝大多数情况
下，方向远比努力更重要。

是啊，人生不怕走得慢，就怕走错路。

4. 坚强而独立的人，到底有多强大？

1

去年夏天，我在珠海采访过一名女超人。之所以称她
为女超人，是因为她雷厉风行的风格，以及坚强独立的性
格，真的像女超人的模样。

她回忆道，她的老家远在贵州，从小家里就非常困难，
还时常遭遇洪涝灾害。17岁那年，她远走他乡，辗转在温
州的各个工厂里打工。

一个正值青春的女生，本该接受知识的熏陶，享受家
庭的温暖，却要每天累到虚脱，自由被限制，未来被囚禁，
一眼望不到头。这样的日子持续了两年，如果要用两个词

语来形容当时的感受，那一定是"孤独"和"凄苦"。

两年后，她决定走出工厂，到更大的世界去看看。

到了珠海，她再次尝到了举目无亲、投奔无路的辛酸。下了火车，她才发现钱包被偷，拿着仅有的 30 元去吃饭，背包又被人偷走。无奈，她只好到一家快餐店里打工，一个月只有 1000 元。

工资不多，她却十分庆幸。毕竟快餐店包吃住，下班后她还有空去上夜校，还可以干保洁。她说，那是一段既煎熬又快乐的时光。煎熬是因为自己缺少睡眠，每天都会很累，快乐是自己终于可以给老家的父母打钱了。

再后来，有朋友看上了她的勤奋和踏实，开了一家奶茶店让她经营。这家奶茶店，她并没有投资，朋友相当信任她，相信奶茶店一定可以火起来。

功夫不负有心人，奶茶店在珠海最繁华的步行街立足，渐渐地开始盈利，推出的特色奶茶更是"一杯难求"。

当我问起为什么会有现在的成绩，她说，她依靠积攒而来的存款又开了几家奶茶连锁店，之后又把目光投向了房地产。说到这里，她非常兴奋，因为第一次投资，她就首战告捷——5000 元一平方米的投入，换来了 4 倍的升值。她一边攒钱，一边投资，资本的雪球越滚越大。

紧接着，她又拿着房子向银行抵押，贷款投资酒吧和建材。那段时间，总有人站出来质疑："这样孤注一掷，

别让你的努力配不上你的野心

风险是不是很大？万一血本无归了怎么办？"

她总是胸有成竹地说："不是冒险的项目都不做，也不是所有项目都要做。将军不打无准备之仗，投资也是一样。血本无归听起来有些令人生畏，可连尝试的勇气都没有，日后岂不是更后悔？"

听到这里，我没有动笔，望着眼前这个举止优雅、神态自若的女人，想象着她是如何整合资源，在竞争残酷的商业丛林里披荆斩棘的。

那个午后，我和她坐在咖啡馆，静静地听着金玟岐的《13》："勇敢，退让也是种勇敢，省略了不安，不期盼也没有纠缠。"

她喝着古巴水晶山，微微的苦中还有一丝淡淡的甜。

半晌，她说："我也曾有过一段深入骨髓的恋爱，以前我总觉得女人要有一个依靠，现在我觉得女人最大的依靠就是自己。我说这些并不是后悔，而是要向过去证明，没有别人的依靠，我照样可以过得很好。"

我频频点头。突然想起李尚龙说的一句话："女生年轻时的奋斗不是为了嫁个好人，而是为了让自己找一份好工作，有一个在哪里都饿不死的一技之长，有一份不错的收入。因为只有当经济独立了，才能做到说走就走，才能灵魂独立，才能有资本选择自己想要的伴侣和生活。"

这世界正在奖励那些坚强而独立的人。

2

当年，韩剧《来自星星的你》掀起了惊人的收视狂潮。

这是我唯一完整追过的一部剧，而且是陪着全体室友看完的。要说最了解全智贤的，是我们宿舍的老大楠哥。楠哥说，这部剧不仅捧红了金秀贤，也让全智贤再次走进人们的视线，并再度把她推上了亚洲偶像女神的宝座。

提起全智贤这个名字，喜欢追剧的朋友一定会记得 10 年前的那部电影《我的野蛮女友》。在这部电影中，全智贤扮演的是一个古灵精怪又野蛮刁横的宋明熙，这一堪称"女汉子鼻祖"的角色令全亚洲掀起了一股"野蛮风"。

面对各种荣誉纷至沓来，全智贤始终保持着清醒的头脑。因为她知道，韩国向来是一个造星运动极盛的国家，自己的风头可能只有一时，久了就逃不过大浪淘沙的命运。

《我的野蛮女友》让全智贤一夜成名，紧接着是各个领域的高端品牌代言，却也让她出人意料地跌入谷底。

角色固定化向来是演艺圈茶余饭后的谈资，一旦某个角色深入人心，势必会给其扮演者造成一定的角色定型。比如，饰演黄蓉的翁美玲，饰演小龙女的李若彤。而人们提起全智贤，总是会想起那个嗓门极大、常常野蛮无理的宋明熙。于是，《我的野蛮女友》播出后，全智贤虽然也频频出镜，却难以超越过去的经典。

《野蛮师姐》《曾是超人的男子》《小夜刀》《雪花秘扇》等影视剧留给观众的是乏善可陈的印象，是唏嘘感叹的背影。甚至有人断言，全智贤将永远地失去天后宝座，她的全盛时代已经逝去。

全智贤之所以再次卷土重来，就是凭借一股永不服输的韧劲。那年，全智贤大胆地解约了与自己签约了13年的经纪公司，成立了自己的经纪公司。

这样自建工作室的方式在中国娱乐圈并不新鲜，但放在韩国娱乐圈，不免是一个冒险的决定。但既然做了，就不说后悔——后悔也许会从懦夫的嘴里说出来，却永远不会从全智贤的嘴里说出来。

每一次跌倒，是为了飞得更高。自立门户后，全智贤首度和导演崔东勋达成了合作关系。为了证明自己的演技，以及自立门户的选择是正确的，在电影《夺宝联盟》中，全智贤比任何人都想把这部戏演好，为此，她吃了不少苦头。

从此，身手矫健的艳贼成为全智贤回到大众视野的另一个角色，她终于摆脱了"野蛮女友"的躯壳。连全智贤本人都没想到，《夺宝联盟》会引起如此强烈的反响，并一举打破十多项票房纪录。

全智贤就是这样一个独立的女人，她用自己坚强不屈的故事再度刷新了人们对她的形象。如今，人们再见全智贤，她依然如 10 年前一样光彩照人，岁月并没有在她身上留下任何痕迹。

这是一个人人独立的时代，也是一个人人自强的时代，哪怕只是一个看起来弱不禁风的女子。

3

常听别人说起"女人别太要强，否则没人疼""女人若没人爱多可悲"诸如此类的话。但是，越坚强的女人，越好命；越独立的女人，越幸运。

谁不想有一个知冷知热的爱人陪伴左右呢？可生活并不总是甜蜜，当意外和明天不知道哪一个会先来的时候，我们除了坚强，真的别无选择。

我们都是普通人，只有在竞争残酷的社会里提升自己，才不至于一败涂地。

不是吗？

4

曾经有这样一句经典台词："男人靠得住，母猪都能上树。"是啊，让你依靠的山再高大，资源再丰富，都不

别让你的努力配不上你的野心

如亲自种上一片菜地来得踏实。

我始终坚信，努力和回报是成正比的。即使经过一番努力之后回报微乎其微，但那些受过的伤、流过的泪，终究会以其他的形式带给你惊喜。

电视剧《我的前半生》里，我最欣赏罗子君，当她有了独立生活的勇气和自信，她含着泪笑道："我一点儿也不害怕，一点也不会觉得惊慌失措，因为我知道自己有什么、会什么，我可以到哪里去，我接下来可以干什么。"

坚强起来，独立起来，这样灵魂就会挺拔。到最后，我们想去的地方可以去，喜欢的东西买得起，不喜欢的人和物丢掉也不会觉得可惜。

5. 最苦的时候，你是怎么熬过来的？

1

一次，我跟北城聊到"最苦的时候，你是怎么熬过来的"的话题。谁都会有"最苦"的时候，那段在黑夜里摸爬滚打的日子，是不忍揭开也是最不愿割舍的回忆。

那年元旦，北城在郑州找了一份工作。因为手头并不宽裕，又不肯向家里要钱，于是他就在关虎屯的城中村租下了一间只有几平方米的房子，紧凑的房间除了一张发霉的床板外，就是卫生间。

刚开始工作的时候，北城吃的最多的就是包子和蒸面条。他之所以天天吃包子和蒸面条，不是因为偏爱，而是因为便宜。

每天早上，北城都会买上一个 5 毛钱的包子和一杯 1 元的豆浆。晚上回来很晚，路边的小吃摊大多已经撤了，他就买上一份 3 元的蒸面条，噎着的时候就喝几口水往下咽。

吃完晚饭已是 11 点多，郑州的冬天非常阴冷，北城裹着从学校带来的薄被子，上牙槽和下牙槽打着战。因为褥子比床板小，所以他不敢翻身，只能靠着墙睡觉。后来，女朋友来找他，他才为自己添了一床被子。可是这样一来，手头更加紧巴了。

为了省路费，北城很少坐地铁和公交，要么骑单车，要么就直接靠双腿。7 点上班，晚上 9 点才下班，还没有周末，这样一天一天地熬着，只为了多拿点单子，多赚一点报酬。

为什么要这么拼？北城说："我要给上学的妹妹寄学费，还要给体弱多病的父母多攒一些医疗费。"后来，北城又去了别的城市，换了好几份工作，虽然也艰辛，但总体来看，日子在一点点变好。

北城曾说过一句话，让我记忆至今："那些艰难，自以为熬不过去的日子，只要坚持下去，不知何时它就会过去了。"

是啊，日子再难，熬过去就是晴天。无论际遇有多糟糕，只要不认尿，生活就无法把我们撂倒。

2

"最苦的时候，你是怎么熬过来的？"这是知乎上的一条帖子，有近 3000 个回答以及 95 万的浏览量。

为什么会有这么多回答？是因为"最苦的时候"人人都有过。为什么有那么高的浏览量？是因为那些经历我们都曾感同身受过。

夜家子鸢说，10 年前一次不规律出血，医生初步诊断说怀疑是癌变。在医生怀疑是癌变的那一刻，她的整个天都塌了——在诊断的前一周，她刚刚辞了职，男友的家人也极力反对他们在一起。男友左右为难，她狠下心来，主动提出了分手。

失业，失恋，她还被医生告知可能要失命。

医生对她说，要想确诊就要做活检。她忍着剧痛做无麻活检，差点从手术床上滚下来。等结果的一周里，她瘦了好几斤，走路都会飘。这件事她没告诉任何人，因为她知道，没有确诊前说出来只会给家人、朋友徒增忧愁。

白天照说照笑，到了晚上她总是夜不能寐。对死亡的恐惧、对未来的期许以及想活下去的念头，就像是交杂的毛线扭成一团，理不清哪个是头哪个是尾，抑郁得她喘不过气来。

她说，一个人的肩膀有多硬、有多能扛，只有自己试过之后才知道。扛不住的时候，她就站在镜子前，额头抵着额头，双手抵着双手，自己拥抱镜子里的自己说："你可以的，你一定可以的。"

一周过后，她去医院拿活检结果，发现自己没什么事。当时她握着检验单，坐在长凳上痛哭了一场。随后，害怕，恐惧，提心吊胆，都随着那场眼泪流得一干二净。

后来，她有了一份还不错的收入，也跟男友重归于好，并一起步入了婚姻的殿堂。

网友乐章说，刚刚毕业那年，考研失败，考公务员失败，好不容易考上大学生村官还没有编制，只觉得孤单和无助。

异地的男朋友在一所著名大学读研，表示毕业后不会来自己的小县城就业。为了也考到大城市，她每天下班后都会学到深夜，周末也不出去，每天就蓬头垢面地扑在学习上。

她说："最难的是面对周围的人对我的怀疑，有劝我

别让你的努力配不上你的野心

早点回老家相亲的；有劝我别考了，指定无望的；还有劝我早点辞职另谋出路的……"

她的内心极度煎熬，几乎到了崩溃的边缘，可她还是强忍着苦楚坚持了下来，最后考上了研究生。男朋友也来了她所在的城市，并在半年前跟她领了结婚证。

一个人不把自己逼到绝路，就不知道自己有多强大，会撑到什么程度。

挺过去，就意味着一切。

3

罗曼·罗兰说："世界上只有一种真正的英雄主义，那就是在认清生活的真相后依然热爱生活。"

生活不易，但还是请你坚持下去。

我曾问过不少人："最苦的时候，你是怎么熬过来的？"

有人说："我靠跑步，跑到精疲力竭，然后冲着天空大声喊叫。"

有人说："我靠写作，把所说所想的话全部写出来。"

有人说："我靠吃东西，一个月暴涨十几斤，连自己都认不出自己了。"

有人说："我只靠熬，慢慢地熬，傻傻地熬，总会有熬出来的那一天。"

不管你是用什么方式面对苦难，我都希望你继续笑着走下去。因为再艰难的困境，只要愿意走下去就是柳暗花明。

4

北城对我说，苦日子人人都会经历，而能熬过苦难的力量，却远不止我们靠自己。

所以，我们要记得那些雨中为我们撑伞的人，那些陪我们彻底聊天的人，那些不管多远都来看你的人，那些守在病床前安慰你的人，那些黑暗中抱紧我们的人。

这世间并不全是无能为力，即使陷入绝境也别忘了，总有人在默默爱着你。

走最泥泞的路，才能留下最清晰的脚印。未来可期，一切都会好起来的，不是吗？

人生的路还很长，未来还会有不尽如人意的苦难时光——那些打不倒我们的苦难，终将会让我们变得更强大。

6. 送给你，夜归人

1

那一年冬天出奇的冷，未到腊月，西北的冷空气伴随着降雪悄然而至，路人无不紧裹棉衣，打冷战。

不久前，方乐打来电话说自己遭遇了车祸：对方开着一辆货车，在没有任何警示的情况下突然向辅道转弯，撞倒了正常行驶的他。顿时，他所骑的电动车不堪重击，散架破碎。庆幸的是，他并无大碍，只是腿部擦伤了。

当我们惊呼方乐福大命大时，他却平静地说，自己早已料到路途中的种种遭遇，这本是一场没有尽头的冬至。原来，每到夜晚，方乐都会踏上回家的归程，而单单一次行程就是 70 多公里。

那时的方乐没有如今这般好的生活，他所拥有的不过是一辆破旧的二手电动车，一个早已视线模糊的头盔，一件用来挡风的棉大衣。当然，还有冻僵的脸颊。

2

对于方乐来说，归程有着非比寻常的意义。他与妻子坚守过长达多年的异地恋，如今，妻子在家乡的一所中学授课，不愿再跟方乐继续过异地生活。

而在方乐看来，在落后的县城里，无可挑选且低廉的劳动报酬并不能给予他足够的养家资本，即使不是为了补贴家用，他也渴望在更大的发展空间里实现自己的人生价值。

那时，碰巧几个旧友在临近的城市投资，寻找合作伙伴。在旧友的盛情邀请下，方乐决定打拼一番事业。妻子开始劝阻，为的是把方乐留在身边。她渴望得到他更多的疼爱，哪怕是入睡时听到他的一声晚安。

其实，她并不自私，但在爱情面前，女人永远都是自私的。

可方乐执意要走，为的是把握这次创业机会，摆脱落魄而受人奚落的自己。最终，妻子同意他外出打拼，同时提出了一个要求：每天晚上都要如约回家，不管深夜或凌晨。

3

要知道，那两点之间是一段不短的距离，有足足 70 多公里呢。

方乐常常苦笑，却无怨无悔。当他将每日回家的事情告诉大家，我并没有他人那般的震惊。我心想，无非就是每天骑一段路程回家，比留在本市的工作者稍微远了一些罢了，除此，与他人无异。

而当我真正亲身去体验之时，我才知道这其中的艰辛。

在一个周末的夜晚，我决定与方乐一同回去，寄宿在他家。

方乐在前，我在后。

天空渐渐地飘起了雪花，落在地上消失不见。拖着一天疲惫的身体仍旧顶着寒风赶路，这无异于雪上加霜。其实，我有些后悔因为一时的莽撞去体验这次归程。

路过的每一个乡镇，方乐都会给我介绍乡镇的名字、特色以及有关它的一切。每到一处道路标志，方乐都会默念道："还有 ×× 公里就到家了。"

路灯昏黄，我仿佛看到了在他眼里闪烁出的光亮。

4

谁也没想到，距离方乐家还有十多公里的地点，车子停下了。

我疑惑地问："为什么停下了？"方乐回道："还能为啥，估计电瓶没电了。"

我问："卖车的老板不是说你的车很能跑吗？怎么今天掉链子了呢？"

方乐点了一根烟说："哪有真心实意卖你东西的老板，这种人我见多了。"

我望着路旁陌生的路标，心里有些慌乱地问："那我们怎么办？"

方乐大喊："还能怎么办，跑！"

这声大喊的"跑"，在耳边回荡，在风雪中回荡，在迷失的青春里回荡。于是，两个人一前一后奔跑着，时而加速，时而停驻，在车流的呼啸声中跑完了剩下的 10 公里。

凌晨 1 点，我和方乐赶到了家里。方乐的妻子伏在桌案，衣着单薄。方乐用最后的力气将她抱起，送进了卧室。

我站在一旁，顿时湿了眼眶。原来，她一直在等他回来。

5

方乐说，不管归程有多远，他都要回家跟她说一声晚安。因为，那是他们的约定。嗯，晚安的约定。

那些细数的路程，是约定，就让爱把来时的路照亮。

半年后，方乐不再奔波于两地，他的妻子考上了教师编制，来到他打拼的城市工作。他也添了轿车，无关风雨，却始终念念不忘深夜回家的往昔。

为爱奔忙，朝着你盼望归来的方向。

为了我们的未来，不求你时时刻刻的陪伴，只求你可以触摸的温度，一句入眠前的晚安。唯有这样，我才心安。

这个故事，送给每一个夜归人。

7. 愿你有想追的风筝，从此不惧风雨

1

"一个人为什么要努力？"

"因为生活从不对你怜香惜玉。"

这句话如果从一个长者的口中说出来，那最是寻常不过了，可它竟然是从比我小好几岁的表妹口中说出来的，所以，我只有惊讶的份了。

表妹是舅舅一家的掌上明珠，从小家人就对她娇生惯养的。她叛逆起来谁也拦不住，跟家长吵架，逃学，甚至还离家出走过。

表妹大四那年，舅舅的工厂亏损得厉害，没过半年就资不抵债，抵押的厂房也被银行收走了。多年的基业瞬间崩塌，再加上表妹的不上进，舅舅接受不了这样的打击，突然病倒了。

表妹也是从那时候开始改变的。舅妈回忆道，自从舅舅住院后，表妹懂事了很多。她收敛了任性，学会了沟通，眼睛里也常含坚强的目光。

表妹一心扑在学业上，并且成了图书馆的"常客"。所有人都说她回到了高考时期，甚至比高中还要用功。

去年毕业后，她独自一人去了广州，在一次次面试中左突右撞，最后凭借过硬的专业知识面试到了一家待遇还算不错的装修公司。

在那家加上老板也只有三个人的装修公司里，她每天的工作就是跟着老板去业主家里量尺寸，回来设计效果图。

因为老板总是挑她毛病，再加上业主总不买账，她把所有的时间都押在了工作上。怀着冲天的干劲儿，加班加

到焦头烂额，甚至熬通宵，最后还是因为老板故意克扣工

资，无法养活自己而被迫辞职。

原来社会是这样的残酷，这是她从来没想到的。

她不敢跟家人诉苦，因为家里已经够难的了。可她又不甘心就这样回家，实在难过，就躲在被子里哭。后来，她背着行李去了杭州，那里有她的大学校友，心里总算有些依靠。

刚开始的一段时间，校友就让她住在自己家，安心去找工作。几天后，表妹找了一份设计类的工作，省吃俭用在外面租了一间房子。房子虽小，但她总算在这个城市立了足，不安的心一点一点平静下来。

再后来，她又换了一家待遇更好一点的公司，开始了一段新的征途。

有一次，表妹找我聊天，她说："我在这个城市里虽然认识的人不多，但我并不孤独，因为只要肯努力，一切都会好起来的。" 那一刻，我真的为她感到庆幸。她终于找到了心之所向，即使未来再苦，她也不会再惧怕什么。

总有一天我们会明白，成长不是随心所欲的放纵，而是困苦之后对憧憬的坚守。

2

人为什么要奋斗？为的是能够过上更好的生活，能够站在新的人生起点。

我曾在网上看到一段视频，说的是一个年轻人为梦想不断跌倒又重新爬起的故事。

陈亦新8岁的时候就显示出过人的绘画天赋，最终因为家人的反对而放弃了。第一年，他说服了数名高中同学开启了人生的第一次创业，但这次创业仅仅维持了两个月就面临解散，并欠下了一些债务。

第三年，他考上了大学。大学期间，他先后担任大学生创业协会会长、校社团联合会主席等职务，以寻找锻炼自己的机会。

两年之后，陈亦新和几名大学同学一起在二手市场拼凑了一些办公桌椅和电脑再度创业，却不幸二次夭折。又过了两年，陈亦新等人成立了咸鱼互动传媒和婚恋O2O，虽然在几个地级市设有分公司，但还是以失败告终。

让陈亦新陷入人生低谷的，是参加某卫视创业节目时被全场否定——他满怀希望地到来，最后遗憾落魄地离开。这样接连的惨败，换作是谁都难以接受，一次次打击足够让一个普通人永远放弃创业的念头。

別让你的努力配不上你的野心

　　直到 4 年后，当地政府开始大力扶持青年创业，陈亦新才有机会和更多有梦想的人聚在一起，成立了一家网络科技公司。一番打拼下来，规模最终由三个人发展到了几十个人。

　　之后的一年是陈亦新的丰收年。

　　这一年，陈亦新所在的网络科技公司成为当地最知名的互联网企业之一，其主创团队艰苦创业的事迹还先后被各大媒体报道。如今，他咸鱼翻身，旗下的电商平台不断融资，并斩获了不少国家级奖项。

　　这是一个真实的故事，从陈亦新的身上，我们都能看到自己的影子。

　　走别人不敢走的路，才会看到别人看不到的风景。那些屡战屡败而屡败屡战的人，更能体会到社会的残酷竞争——这个社会只相信汗水，不相信眼泪。

3

　　《穿越人海拥抱你》一书里有一句话我很喜欢："每天都疲惫和沮丧，却仍然保持战斗力，因为我知道，只有努力奔向更好的地方，才能遇见更好的自己。"

　　只要梦想还在，就不怕跌落谷底，因为往后的每一步都是在进步。

光叔就曾跟我谈过"理想"这个话题。

那时的光叔，孩子刚刚出生，工作也不顺心，各种压力压得他喘不过气。他说："理想是有钱人的专属品，我只知道它并不属于我。人总要熬过生存期，才有资格谈理想。"

是啊，我们总要熬过一段艰苦卓绝的生存期，才有资格谈理想。当你迷茫了，倦怠了，失意了，就看看《被嫌弃的松子的一生》里的松子，不管情路多么坎坷，梦想如何破碎，她仍然会快乐地活下去。

人的一生都在逃避痛苦，寻找快乐，既然降临在这个世界上，何不留一半清醒留一半醉，潇洒走一回？

别让你的努力配不上你的野心